Unity 引擎技术

主编 樊月辉

北京理工大学出版社

BEIJING INSTITUTE OF TECHNOLOGY PRESS

内 容 简 介

本书基于 OBE 成果导向的设计理念，围绕 Unity 开发引擎必会的基础知识与常用技能，从学习者能力快速形成的角度规划教材内容。教材整体以项目体例进行编排，安排基础篇、应用篇、项目篇三个篇章，其中，基础篇重点介绍 Unity 的开发环境、访问游戏物体、控制游戏物体、使用游戏物体和组件、使用物理引擎，让读者掌握 Unity 的基础技能；应用篇针对游戏开发中常用的技术，以专题的形式介绍 Unity 的 UGUI 系统、动画系统、地形引擎、声光技术、粒子系统、寻路技术以及背包系统；项目篇通过宝石迷宫和贪吃蛇两个游戏项目，分别针对 3D 游戏开发和 2D 游戏开发两个方向，将所有技能融为一体，实现能力的项目转化，培养游戏设计师的综合技能。

本书结构清晰，以项目引领学习，涵盖课程思政，对制作中涉及的知识点直接以知识链接的形式进行介绍，为帮助读者深入理解 Unity 的知识与操作技巧提供有效指引。本书配有丰富的立体化资源，便于学习，可作为 Unity 课程教材，也可供 Unity 爱好者及对游戏开发感兴趣的人员阅读学习。

图书在版编目（C I P）数据

Unity 引擎技术 / 樊月辉主编. -- 北京：北京理工
大学出版社，2024.2
　ISBN 978-7-5763-3596-5

　Ⅰ.①U…　Ⅱ.①樊…　Ⅲ.①游戏程序-程序设计
Ⅳ.①TP311.5

　中国国家版本馆 CIP 数据核字（2024）第 045944 号

责任编辑：王玲玲	文案编辑：王玲玲
责任校对：刘亚男	责任印制：施胜娟

出版发行 / 北京理工大学出版社有限责任公司

社　　址 / 北京市丰台区四合庄路 6 号

邮　　编 / 100070

电　　话 / （010）68914026（教材售后服务热线）
　　　　　　（010）68944437（课件资源服务热线）

网　　址 / http：//www.bitpress.com.cn

版 印 次 / 2024 年 2 月第 1 版第 1 次印刷

印　　刷 / 河北盛世彩捷印刷有限公司

开　　本 / 787 mm×1092 mm　1/16

印　　张 / 15.75

字　　数 / 350 千字

定　　价 / 89.00 元

前　言

当前，数字化技术及其应用场景深刻改变了人们的生活方式、工作方式、学习方式和思维方式，从全国教育工作会议提出"实施教育数字化战略行动"，到党的二十大报告提出"推进教育数字化"，再到中共中央、国务院印发《数字中国建设整体布局规划》，我国教育信息化正迈向数字化转型新阶段。随着数字技术的不断发展和普及，支撑数字中国相关产业建设的软件地位也逐渐凸显，Unity 引擎以其在游戏领域、虚拟现实领域、教育元宇宙开发等场景的广泛应用，以及强大的跨平台特性和绚丽的 3D 渲染效果而受到广大开发者的青睐。

本书旨在让读者快速、深入、系统地掌握 Unity 引擎操作技术，以游戏项目为载体，基于成果导向原则，校企共建，融合企业标准，突出能力培养。全书内容分为 5 个模块，其中，模块一介绍 Unity 的基础知识、常用组件和功能，让读者初步掌握 Unity 引擎的使用知识；模块二通过 5 个项目介绍常用物理引擎的使用技巧，进一步提升 Unity 引擎的操作技能；模块三以专题应用项目介绍 UGUI 系统、动画系统、地形系统、声光特效、粒子系统、寻路技术、背包系统的使用技巧；模块四和模块五分别通过 3D 游戏和 2D 游戏项目的制作，让读者掌握使用 Unity 进行项目开发的基本流程和方法，将技能再次进行整合和提升。通过学习本书，读者可以快速掌握 Unity 引擎的操作技能和技巧，提高自身的项目开发能力和水平。

本书主要特点如下：

◆ 项目引领内容，任务导向成果，紧贴实用需求

通过 18 个实用项目，加深读者对内容的理解。每一个模块均明确标出学习目标，每一个任务都对应具体的成果，紧贴读者的使用需求，实用性强。

◆ 知识链接展示，理论实践一体，助力能力形成

操作中遇到的新知识或新技巧均以知识链接的形式直接展示，避免了反复查找的烦恼，将理论知识融入实践操作中，在操作过程中形成能力的快速转化。

◆ 融入职业素养，关注立德树人，践行育人功能

将职业素养融入项目中，让读者在学习技能的同时，了解行业设计规范，培养美学修

养，树立责任意识，鼓励创新精神，培养家国情怀和工匠精神，立德树人与技能培养双线并行。

◆ 配套立体资源，学习方式多样，满足不同需求

本书所有项目操作均配套微课视频讲解，并配以任务书、教学课件、课后习题、案例效果等多样化的立体化资源。配套资源既能在教材上扫码直接观看，也可以在智慧树网站（https：//coursehome. zhihuishu. com/courseHome/1000090397/204875/20 # onlineCourse）进行同步学习，既可以满足教师混合式教学需求，也可以满足不同层次学习者的需求。

本书既可以作为高职高专院校和应用型本科院校 Unity 课程教材，也适合 Unity 爱好者及对游戏开发感兴趣的人员参考学习。本书项目主要资源为原创，但其中引用了部分第三方素材和资源（来源于 Unity 资源商店，https：//assetstore. unity. com）。

本书主编为双师型教师，有着多年一线教学实践经验。书中所有项目均经过教学实践检验，配套的课件、素材等资源请联系出版社免费下载。

在本书编写过程中，杭州虚元科技有限公司刘芳圃提出了建议，并进行了指导，在此表示衷心的感谢。

由于编者水平有限，书中疏漏之处难免，恳请广大读者批评指正，并提出宝贵意见和建议。

编　者

目 录

基 础 篇

应　用　篇

项 目 篇

基础篇

模块一

熟悉游戏物体和组件

 模块内容导读

Unity 是一款全球领先的功能强大、易学易用的实时 3D 引擎，它提供了一个高度灵活的平台，拥有大量的插件和资源，其逼真的渲染效果和高效的跨平台兼容特性，吸引了众多开发者，无论是游戏开发、影视制作还是建筑设计等领域的开发者，通过 Unity 都能实现自己的创意和想法。从现在开始，就让我们共同领略 Unity 的神奇吧！

学习目标

（1）学会注册 Unity 账号并下载安装 Unity 软件

（2）熟悉 Unity 软件的工作界面及基本操作

（3）掌握游戏创作的基本流程

（4）掌握协同程序的使用知识

（5）掌握预制体的创建及使用方法

（6）能够正确创建各种游戏物体并进行基本场景摆放

（7）能够为游戏物体添加材质

（8）能够利用脚本访问并控制创建的游戏物体

（9）能够正确添加、获取、修改及移除组件

素养目标

（1）关注国内游戏产业和文化，增强文化自信

（2）理解游戏背后的逻辑和原理，培养逻辑思维能力

（3）注重细节，提高自己作品的品质

（4）了解自己的社会责任，避免游戏可能带来的负面影响

（5）整合跨学科知识，树立学习的信心

项目一 初识 Unity

项目概述

Unity 作为一款专业游戏开发引擎，如今已经成为全球范围内广泛使用的开发工具，拥有庞大的社群和丰富的资源库，大家耳熟能详的《神庙逃亡》《愤怒的小鸟》《王者荣耀》等游戏都有 Unity 的身影，玩家十分广泛。本项目将走进 Unity 的开发世界，并通过小球跟随鼠标案例体验 Unity 项目开发的工作流程，案例效果如图 1-1 所示。

路虽远，行则将至。
书虽难，学则必成！

图 1-1　小球跟随鼠标案例效果

项目实现

任务 1　了解 Unity 软件

1. Unity 简介

Unity 是由 Unity Technologies 公司开发的专业跨平台游戏开发及虚拟现实引擎，它包含有高质量的渲染系统、高级光照系统、粒子系统、动画系统、地形编辑系统、UI 系统、物理引擎等，是一款能够让玩家轻松创建诸如三维视频游戏、建筑可视化、实时三维动画等类型互动内容的多平台综合游戏开发工具，其创作的作品能够呈现出令人惊叹的高品质效果。

Unity 以其强大的跨平台特性与绚丽的 3D 渲染效果而广为人知，可以运行在 Windows 和 Mac OS X 平台下，其游戏不仅可以发布至 Windows、Mac、Android、Web、Wii 等多个平台，而且 Unity 提出的"大众游戏开发"口号使开发人员不用再考虑高昂的游戏开发成本，成为目前炙手可热的游戏开发引擎。

随着智能手机技术的成熟，手机游戏成为游戏领域的一个主流，拥有着越来越广泛的受众群体，中国作为手机游戏大国，也是 Unity 增速最快的市场之一。像《神庙逃亡》《纪念碑谷》《炉石传说》《王者荣耀》（图 1-2）等诸多大家所熟知的游戏，都是用 Unity 引擎开发的，可以说，Unity 引擎所开发的游戏已经占据了游戏开发业的半壁江山。

图1-2 《王者荣耀》

2. Unity 下载

（1）Unity 的下载十分简单，登录 Unity 官网（https://unity.cn）即可看到各版本的下载链接。官网下载界面如图 1-3 所示。可以根据自己的计算机平台选择下载相应的版本。

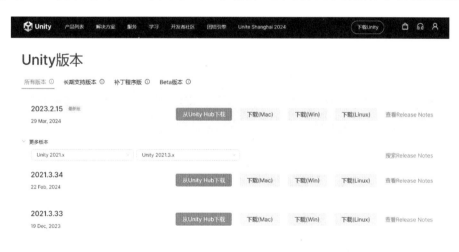

图1-3 Unity 官网下载界面

（2）安装 Unity 时，可以选择下载 Unity Hub，然后选择从 Hub 下载，即可在 Unity Hub 中弹出对应的安装界面，如图 1-4 所示，按提示进行安装即可。需要提示的是，Unity 的安装过程需要网络的支持，因此，在安装过程中必须保证计算机能够随时连接网络。

知识链接

安装组件中有 Microsoft Visual Studio，这是针对脚本的编辑器，如果计算机中已经安装有相应的版本，则此选项可以去掉。

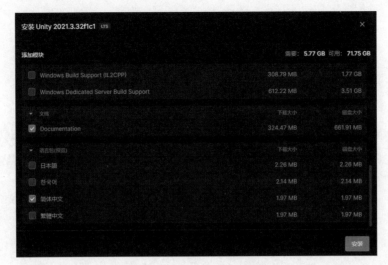

图 1-4 Unity Hub 中的安装界面

3. 注册 Unity ID

Unity 为用户提供了免费版和专业版，在学习时可以使用免费版，不过需要先进行用户注册。登录 Unity 官网，单击右侧的头像，如图 1-5 所示，选择创建 Unity ID。在弹出的注册界面输入相应的信息，进行人机验证后，即可创建 Unity ID。注册后，在注册时登记的邮箱中会收到一封邮件，需要进行认证激活。

图 1-5 注册 Unity ID

4. 启动 Unity

（1）打开下载的 Unity Hub，会弹出如图 1-6 所示的登录界面（此界面会因 Unity Hub 的版本不同而有所改变），用注册的 Unity ID 进行登录。

（2）单击如图 1-7 所示界面中的新建按钮，弹出图 1-8 所示的界面，输入项目名称及保存位置，单击创建按钮，即可创建一个 Unity 项目。

图 1-6　登录 Unity 账号界面

图 1-7　Unity Hub 界面

5. Unity 服务

Unity 为用户提供了丰富的学习资源，可以帮助读者更有效地提高学习效率。

（1）Unity 资源商店（https://assetstore.unity.com）如图 1-9 所示，其中的资源可以直接下载并导入项目中。

（2）Unity 用户手册（https://docs.unity3d.com/Manual/index.html）如图 1-10 所示，可以帮助读者了解如何使用 Unity 编辑器及相关服务，通过其 Scripting API 可以查找关于脚本使用的相关内容。

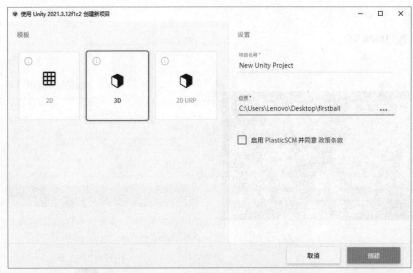

图 1-8　创建 Unity 项目界面

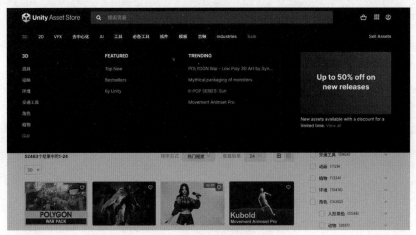

图 1-9　Unity 资源商店

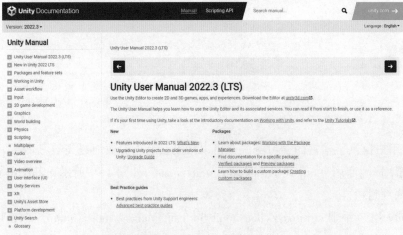

图 1-10　Unity 用户手册

（3）Unity 论坛（https://forum.unity.com）如图 1-11 所示。可以在论坛上与众多 Unity 爱好者进行交流。

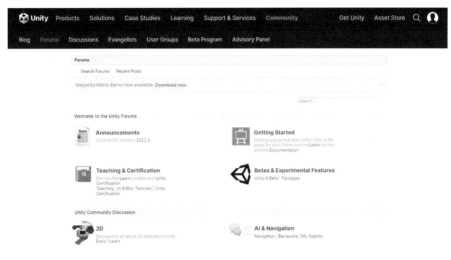

图 1-11　Unity 论坛

任务 2　认识 Unity 的工作环境

1. 更改界面布局

新建 Unity 项目后，在界面的右上角单击下拉按钮，选择 2 by 3，即可更改界面布局，如图 1-12 所示。

认识 Unity 的
工作环境

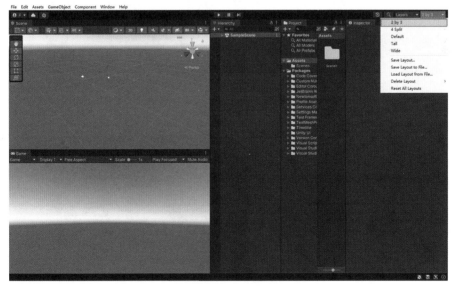

图 1-12　更改界面布局

2. 认识 Unity 界面

Unity 的界面由菜单栏及若干个视图组成，下面介绍各视图的主要功能。

（1）Scene（场景）视图：游戏画面的主要编辑区域，一个游戏中可以包含若干个场景。

（2）Game（游戏）视图：游戏的预览窗口。

（3）Hierarchy（层级）视图：组织和管理当前场景中所有游戏对象的场所。

（4）Project（项目）视图：存放所有游戏资源的地方，其中的 Assects 文件夹用来存放用户常见的对象和导入的资源。

（5）Inspector（检视）视图：显示与当前所选游戏对象相关的属性与信息。

3. 熟悉 Unity 界面基本操作

1）视角切换

● 缩放视角：滚动鼠标滚轮或按住 Alt 键的同时移动鼠标右键，如图 1-13 所示。

图 1-13　缩放视角

● 旋转视角：按住 Alt 键的同时移动鼠标左键，如图 1-14 所示。

图 1-14　旋转视角

● 移动视角：按住鼠标中键直接移动鼠标进行视角的移动，如图 1-15 所示。

图 1-15　移动视角

● 居中显示选中物体：选中游戏物体后，按 F 键，可以将所选中的游戏物体居中显示，如图 1-16 所示。

图 1-16　居中显示选中的物体

• 飞行浏览模式：按住鼠标右键，鼠标箭头会变成眼睛和矩形，此时，可以按 W、A、S、D、Q、E 键，让用户以第一人称视角漫游场景，按 Shift 键可以加速移动，如图 1-17 所示。

图 1-17　飞行浏览模式

2）工具操作

• View Tool（手形工具）![icon]：按住鼠标左键拖动鼠标可以进行视角的平移，快捷键为 Q 键。

• Move Tool（移动工具）![icon]：可以对选中的游戏对象进行位置的移动，其中，红色的为 X 轴，绿色的为 Y 轴，蓝色的为 Z 轴，移动工具的快捷键为 W 键，如图 1-18 所示。

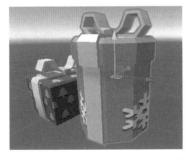

图 1-18　移动工具

- Rotate Tool（旋转工具）：改变选中游戏物体的旋转角度，快捷键为 E 键，如图 1-19 所示。

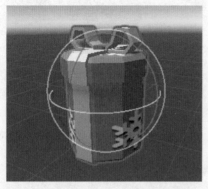
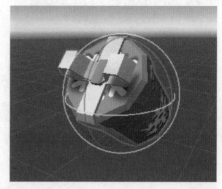

图 1-19　旋转工具

- Scale Tool（缩放工具）：改变选中游戏物体的大小，快捷键为 R 键，如图 1-20 所示。

图 1-20　缩放工具

- Rect Tool（矩形工具）：对游戏对象进行对应方向上的缩放，快捷键为 T 键，如图 1-21 所示。

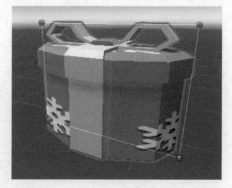

图 1-21　矩形工具

● Transfrom Tool（变换工具）：是移动、旋转和缩放工具的组合，快捷键为 Y 键，如图 1-22 所示。

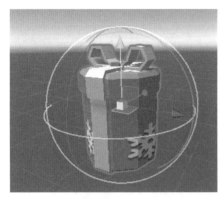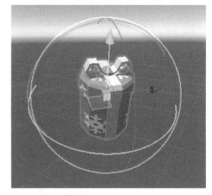

图 1-22　变换工具

任务 3　体验 Unity 的工作流程

（1）新建 Unity 项目。在 Hirarchy 视图中单击右键，选择 3D Object 下的 Cube，创建一个立方体，将其命名为 floor，利用缩放工具对其进行缩放，调整其为一个地板的形状。

体验 Unity 的
工作流程

（2）选择 3D Object 下的 Sphere，创建一个球体，命名为 player，再次创建一个球体，命名为 target。

（3）在 Project 视图中 Assets 文件夹空白位置单击右键，选择 Create 下的 Folder，创建一个文件夹，命名为 Material，用于存放材质球。

（4）双击打开 Material 文件夹，在其中单击右键，选择 Create 下的 Material，创建一个材质球，命名为 red。选择材质球，在 Inspector 视图中，设置 Albedo 的颜色为红色，如图 1-23 所示。

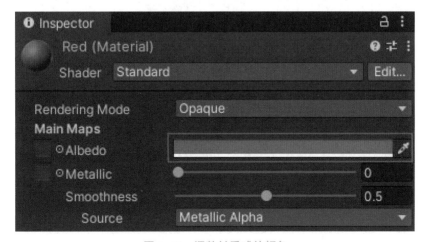

图 1-23　调整材质球的颜色

（5）将 red 材质球拖曳到 target 游戏物体上，即将 target 物体设置为红色。

（6）将 red 材质球复制，命名为 yellow，调整该材质球的颜色为黄色。将黄色的材质球拖曳到 player 游戏物体上，用变换工具调整 player 的位置并放大，同时调整 target 的位置并缩小。

（7）同理，为 floor 创建一个材质球，并将其赋给地板 floor，如图 1-24 所示。

图 1-24　添加了材质球后的场景效果

（8）选中 player，在 Inspector 视图中单击 Add Component 按钮，选择 Rigidbody，为其添加一个刚体组件。

（9）选中 floor，在 Inspector 视图中单击 Layers 下拉列表，选择 User Layer 3，输入一个层的名称 a，如图 1-25 所示。

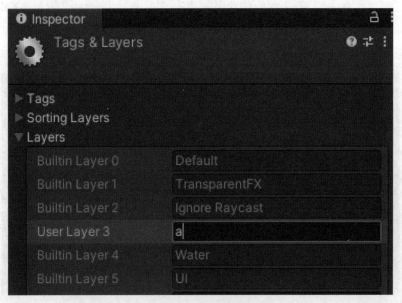

图 1-25　设置层名称 a

（10）选中 floor，在 Inspector 视图中的 Layer 处为其设置层名称 a，如图 1-26 所示。

图 1-26 为 floor 设置层名称 a

（11）按住 Alt 键的同时移动鼠标左键，旋转 Scene 场景视角，让其与 Game 视图角度一致。

知识链接

Game 视图中的视角也可以通过旋转和移动 Main Camera（主摄像机）的位置进行调整。

（12）在 Project 视图中 Assets 文件夹空白位置单击右键，选择 Create 下的 Folder，创建一个文件夹，命名为 Script，用于存放脚本。

（13）双击打开 Script 文件夹，在其中单击右键，选择 Create 下的 C# Script，新建一个脚本文件，命名为 targetDemo。

（14）双击打开 targetDemo 脚本文件，编写如下代码：

```
using System.Collections;
using System.Collections.Generic;
using UnityEngine;
public class targetDemo : MonoBehaviour
{
    public Camera mCamera; //声明摄像机
    public LayerMask castlayer;//声明碰撞层
    public GameObject target;//声明目标游戏物体
    void Update()
    {
        if(Input.GetMouseButtonDown(0))//判断是否按下鼠标左键
        {
            Ray ray=mCamera.ScreenPointToRay(Input.mousePosition);/*发射一条到鼠标
单击位置的射线*/
            RaycastHit hit;//存储碰撞信息
            if(Physics.Raycast (ray,out hit,Mathf.Infinity,castlayer))
            {
                target.transform.position=hit.point;/* 如果射线碰到了地板,则将目标物
体移动至鼠标单击位置*/
            }
        }
    }
}
```

（15）选中 targetDemo 脚本，将其拖曳到 target 游戏物体上，即可将该脚本以组件的形

式添加到游戏物体上，此时，在 Inspector 视图中可以找到添加的脚本。将 Main Camera 拖曳添加到 M Camera 处，将 Castlayer 的层设置为 a，将 target 游戏物体拖曳添加到 Target 处，如图 1-27 所示。

图 1-27　设置 targetDemo 脚本参数

（16）运行游戏，红色的小球可以随着鼠标的单击而移动。

（17）再次创建一个 C#脚本文件，命名为 playerDemo，编写代码如下：

```csharp
using System.Collections;
using System.Collections.Generic;
using UnityEngine;
public class playerDemo : MonoBehaviour
{
    public GameObject player;//声明 player 游戏物体
    public GameObject target;//声明 target 游戏物体
    public float moveSpeed=1;//设置移动速度
    void Update()
    {
        Vector3 force=target.transform.position-player.transform.position;//移动距离
        player.GetComponent<Rigidbody>().AddForce(force*moveSpeed);//让 player 移动
    }
}
```

（18）将 playerDemo 脚本添加给 player 游戏物体，在 Inspector 视图中，将 player 游戏物体添加到 playerDemo 脚本的 Player 处，将 target 添加到 Target 处，如图 1-28 所示。

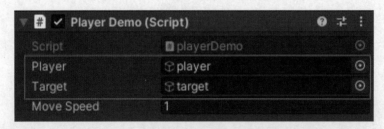

图 1-28　设置 playerDemo 脚本参数

（19）运行游戏，此时单击鼠标，红色的小球会移动到鼠标点，黄球会跟随红球移动。

（20）在 Project 视图中 Assets 处单击右键，选择 Show in Explorer 命令，会打开资源管理器窗口。双击打开 Assets 文件夹，在其中新建 pic 文件夹，将给出的素材 bk.jpg 复制粘贴到 pic 文件夹中。

（21）在 Hierarchy 视图中单击右键，选择 UI 下的 Image 命令，创建一个图片，在 Inspector 视图中设置其 Pos X、Pos Y 和 Pos Z 的值为 0，如图 1-29 所示，此时，Image 显示在 Game 视图中央。

图 1-29　设置 Image 的位置

（22）选择 bk.jpg 图片，在 Inspector 视图中设置其 Texture Type 为 Sprite（2D and UI），单击 Sprite Editor 按钮，如图 1-30 所示，在弹出的窗口中单击 Apply 按钮。

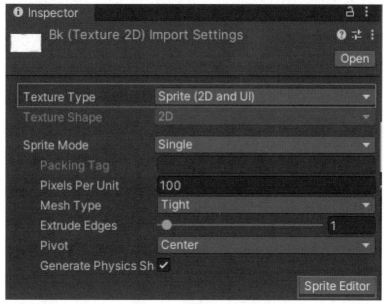

图 1-30　更改图片类型

（23）选中 Image 图片，在 Inspector 视图中的 Image 组件中，将 bk.jpg 添加到 Source Image 处，如图 1-31 所示。

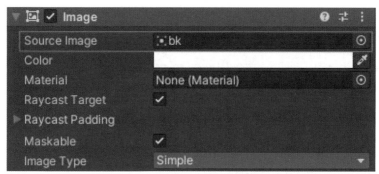

图 1-31　为 Image 添加图片背景

（24）选中 Canvas 画布，在 Inspector 视图的 Canvas 组件中设置画布的 Render Mode 为 World Space，Rect Transform 组件中设置其 Width 和 Height 均为 50，Pos X、Pos Y 和 Pos Z 的值均为 0，如图 1-32 所示。

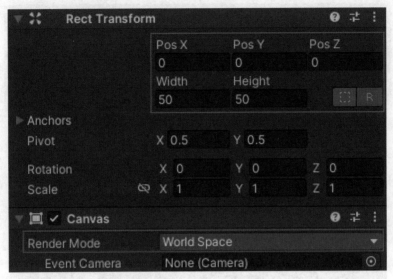

图 1-32　设置画布属性

（25）选中 Image，在 Inspector 视图中设置 Width 和 Height 均为 10，同时用移动工具将其位置调整一下，使其向后一些，并调整其 Scale 属性，如图 1-33 所示。

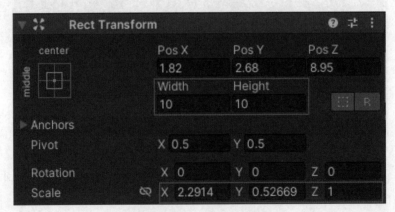

图 1-33　调整 Image 属性

（26）在 Hierarchy 视图中选中 Canvas，单击右键，选择 UI 下 Legacy 中的 Text，创建一个文本，在 Inspector 视图中的 Text 组件中输入 Text 属性文本"路虽远，行则将至。书虽难，学则必成！"，设置 Font Size（字号）的大小及位置，如图 1-34 所示。

（27）此时文字并不清晰，可以选择 Canvas，在 Canvas Scaler 组件中调整其 Dynamic Pixels Per Unit 和 Reference Pixels Per Unit 的值，如图 1-35 所示，此处参数配合 Text 的字号进行调整，可以让文字清晰显示在 Image 中。

（28）在 File 菜单中单击 Save 命令，将场景保存。

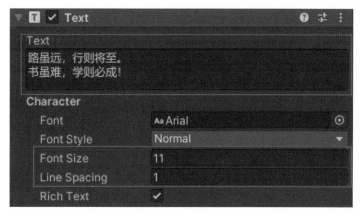

图 1-34 设置 Text 属性

图 1-35 调整 Dynamic Pixels Per Unit 和 Reference Pixels Per Unit 的值

（29）选择 File 菜单下的 Build Settings 命令，在弹出的窗口中单击 Add Open Scenes 按钮，将当前场景添加进来。然后在 Platform 中选择 Windows,Mac,Linux，单击 Build 按钮，即可将动画发布，游戏制作完成，如图 1-36 所示。

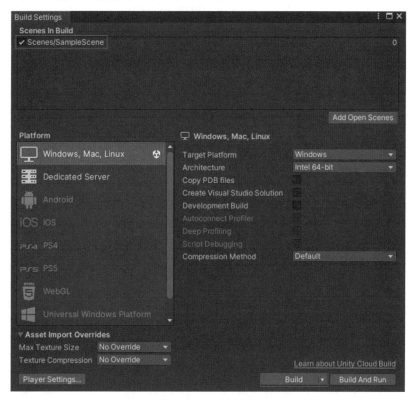

图 1-36 发布游戏

项目总结与评价

本项目首先介绍了 Unity 的入门知识，逐步介绍了如何下载安装 Unity 软件、如何注册 Unity ID、如何创建 Unity 项目，然后重点介绍了 Unity 软件界面以及工具的基本操作，最后通过一个小球跟随鼠标移动的案例介绍了 Unity 项目开发的工作过程。希望读者在后续的学习中能够像游戏中的小球一样，有自己的努力目标，并关注国内游戏产业发展，肩负起游戏文化传播的社会责任，为我国游戏的发展而努力。

初识 Unity 评价表

评价内容	评价分值	评价标准	得分	扣分原因
任务 1 了解 Unity 软件	30	1. 是否了解 Untiy 的发展及应用 2. 是否会下载并安装 Unity 软件 3. 是否注册了 Unity 账号 4. 是否会正确创建 Unity 项目 5. 是否会使用 Unity 官网中的资源辅助学习		
任务 2 认识 Unity 的 工作环境	30	1. 是否熟悉 Unity 工作界面 2. 是否会更改工作界面布局 3. 是否会进行视角的切换 4. 是否会使用工具调整游戏物体		
任务 3 体验 Unity 的 工作流程	40	1. 是否了解 Unity 项目开发流程 2. 是否会创建 Cube 及 Sphere 游戏物体并添加材质 3. 是否会创建并添加脚本 4. 是否会运行测试游戏及保存场景 5. 是否会发布游戏		

项目二 访问游戏物体

项目概述

开发游戏的第一步是搭建游戏场景，这就需要开发者了解游戏物体及其属性，Unity 中创建的所有对象都属于游戏物体，比如 3D 物体、灯光、声音、粒子等，要想进行游戏创作，要先创建这些游戏物体并通过一定的方法获取到它们，从而进行相关控制，让其按照我们的想法进行运动。本项目逐步介绍创建游戏物体、改变游戏物体的 Transform 属性及获取游戏物体的多种方法，案例完成的效果如图 1-37 所示。

图1-37 改变游戏物体属性案例效果

项目实现

任务1 创建游戏物体

1. 直接创建游戏物体

在 Unity 中，可以通过以下两种方法创建游戏物体：

（1）单击 GameObject 菜单，选择 3D Object 子菜单中的对象，如图1-38所示。

图1-38 通过 GameObject 菜单创建游戏物体

（2）在 Hierarchy 视图中单击右键，选择 3D Objcet 中的对象，如图1-39所示。

Unity 自带的游戏物体包括：

（1）Cube：立方体，默认大小为 1×1×1，原点位于立方体的中心。

（2）Sphere：球体，默认半径为 0.5，原点为球体中心。

（3）Capsule：胶囊体，默认横切面半径为 0.5，原点位于胶囊体正中心。

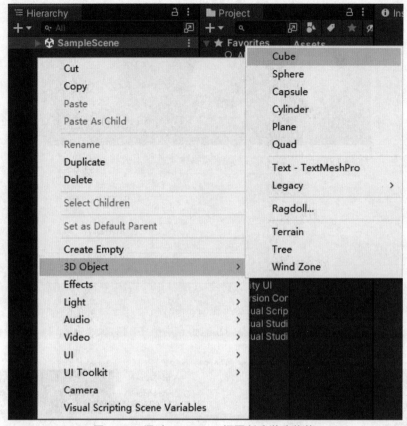

图 1-39　通过 Hierarchy 视图创建游戏物体

（4）Cylinder：圆柱体，默认横切面半径为 0.5，原点位于圆柱体正中心，总高度为 2。

（5）Plane：平面，只有长和宽，没有厚度，默认大小为 10×10，原点为平面中心，只能渲染正面。

（6）Quad：方块，可以看成 1×1 的平面，只能渲染正面。

Unity 自带的游戏物体如图 1-40 所示。

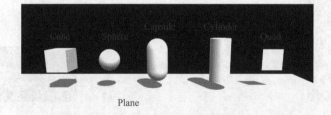

图 1-40　Unity 自带的游戏物体

2. 使用脚本动态创建游戏物体

在游戏中，有些游戏物体需要动态生成，可以用到以下方法：

（1）在 Project 视图中单击右键，选择 Create 下的 C# Script 命令，创建一个脚本文件，命名为 creatObj，在 Start 方法中添加如下脚本：

```
void Start()
{
    GameObject.CreatePrimitive(PrimitiveType.Cube);//创建一个游戏物体
    transform.position=new Vector3(0,0,0);//设置创建的游戏物体位于世界中心
}
```

（2）选中 Main Camera，将 creatObj 脚本拖曳到 Main Camera 上，即可为摄像机添加刚编写的脚本。运行游戏，在 Game 视图中央会创建一个 Cube，当关闭游戏时，该游戏物体不存在。

任务 2 改变游戏物体的 Transform 属性

（1）新建 Unity 项目，在 Hierarchy 视图中创建一个 Cube，在 Inspector 视图中 Transform 组件处单击右键，选择 Reset 命令，如图 1-41 所示，即将 Cube 的位置位于世界中心。

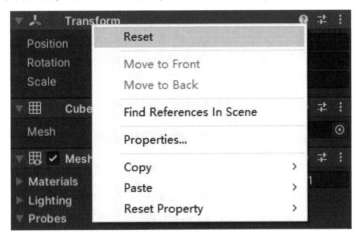

创建与改变游戏
物体的 Transform 属性

图 1-41　将 Cube 位置位于世界中心

（2）在 Project 视图中单击右键，选择 Create 中的 Material 命令，创建一个材质球，命名为 yellow，在 Inspector 视图中设置 Albedo 的颜色为黄色。将材质球拖曳到 Cube 上，即可为 Cube 添加一个材质。

（3）创建一个 C#脚本 cubeMove，在 Update 中添加以下代码：

```
void Update()
{
    transform.position=new Vector3(0,1,0);
}
```

（4）选中 Cube，将 cubeMove 脚本添加给 Cube，运行游戏，发现 Cube 向上移动了一个单位的距离。

（5）若将上面的代码更改为下面的代码，再次运行游戏，发现 Cube 会一直向上移动。

```
void Update()
{
    transform.position+=new Vector3(0,0.02f,0);
}
```

（6）将 Cube 旋转一定的角度，使其 Y 轴不再朝向世界坐标的 Y 轴方向，再次更改代码如下，运行游戏，Cube 会沿着自身坐标的 Y 轴向上平滑地移动。

```
void Update()
{
    transform.Translate(Vector3.up * Time.deltaTime);
}
```

（7）若将上面的代码更改为下面的内容，则运行游戏时，Cube 会沿着世界坐标向上方移动。

```
void Update()
{
    transform.Translate(Vector3.up * Time.deltaTime,Space.World);
}
```

（8）若想制作 Cube 的旋转效果，则可将代码更改如下，使其绕着自身的 Y 轴进行旋转。

```
void Update()
{
    transform.Rotate(0,5 * Time.deltaTime,0);
}
```

（9）若将代码更改为下面的代码，则 Cube 会绕着世界坐标的 Y 轴进行旋转。

```
void Update()
{
    transform.Rotate(new Vector3 (0,45 * Time.deltaTime,0),Space.World);
}
```

（10）同理，若想更改 Cube 的缩放效果，则应将代码更改为下面的内容，物体会在 X 和 Z 轴上产生缩放的效果。

```
void Update()
{
    transform.Rotate(new Vector3 (0,45 * Time.deltaTime,0),Space.World);
    transform.localScale=new Vector3(2,1,2);
}
```

任务 3 获取游戏物体

1. 通过脚本中的方法访问其他游戏物体

（1）新建 Unity 项目，在 Hierarchy 视图中单击右键，选择 3D Object 下的 Cube，创建一个立方体，再单击 Capsule，创建一个胶囊体。

（2）在 Project 视图中单击右键，选择 Create 下的 C# Script，创建一个脚本文件 Test，编写如下代码，实现使游戏对象沿 X 轴旋转的功能。

访问游戏物体

```
using System.Collections;
using System.Collections.Generic;
using UnityEngine;
public class Test : MonoBehaviour
{
    public void ballrotate()
    {
        this.transform.Rotate(1,0,0);
    }
}
```

（3）再次创建一个脚本文件 obj，编写如下代码，通过获取指定对象的脚本，进而执行脚本中的方法来对其他游戏对象进行访问。

```
using System.Collections;
using System.Collections.Generic;
using UnityEngine;
public class obj : MonoBehaviour
{
    public GameObject otherObj;
    void Update()
    {
        Test test = otherObj.GetComponent<Test>();
        test.ballrotate();
    }
}
```

（4）为 Capsule 添加 Test 脚本文件，为 Cube 添加 obj 脚本文件，并将 Capsule 添加到 obj 脚本中的 Other Obj 处，如图 1-42 所示。

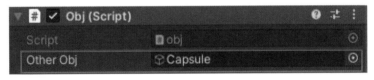

图 1-42　为 Other Obj 添加游戏物体

（5）执行 File 菜单下的 Save 命令，将场景保存。运行游戏，利用 Cube 调用胶囊上的脚本，实现了胶囊旋转动画。

2. 通过名字或标签访问其他游戏物体

（1）选择 File 菜单下的 New Scene 命令，选择 Basic（Built-in），单击 Create 按钮，创建一个新场景，如图 1-43 所示。

（2）创建三个游戏物体 Cube、Sphere 和 Capsule，调整它们的排列位置。

（3）选中 Capsule，在 Inspector 视图中单击 Tag 下拉列表，选择 Add Tag，单击 ➕ ，输入 ca，单击 Save 按钮，即可创建一个标签。

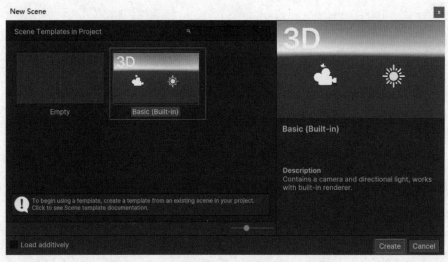

图 1-43　新建场景

（4）选中 Capsule，在 Inspector 视图中 Tag 下拉列表中选择新创建的标签 ca，即可为 Capsule 游戏物体添加标签，如图 1-44 所示。

图 1-44　为 Capsule 游戏物体添加标签

（5）新建一个 C#脚本 tagmove，编写代码如下：

```csharp
using System.Collections;
using System.Collections.Generic;
using UnityEngine;
public class tagmove : MonoBehaviour
{
    void Update()
    {
        GameObject obj1 = GameObject.Find("Cube");//获取名为 Cube 的游戏物体
        obj1.transform.Rotate(1,0,0);//让物体旋转
        GameObject obj2 = GameObject.FindWithTag("ca");//获取标签为 ca 的游戏物体
        obj2.transform.Rotate(1,0,0);//让物体旋转
    }
}
```

（6）选中 Sphere，将脚本 tagmove 添加给 Sphere。运行游戏，Cube 和 Capsule 执行了旋转动画。

（7）保存场景。

3. 通过父子关系访问其他游戏物体

（1）新建一个场景，分别创建 Capsule、Sphere 和 Cube，调整好三个物体的位置，将 Sphere 设置为 Capsule 的子物体，将 Cube 设置为 Sphere 的子物体，如图 1-45 所示。

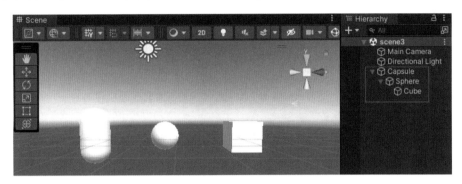

图 1-45　设置游戏物体的父子关系

（2）新建一个 C#脚本 level，编写代码如下：

```
using System.Collections;
using System.Collections.Generic;
using UnityEngine;
public class level : MonoBehaviour
{
    void Update()
    {
        transform.Find("Cube").Rotate(1,0,0);//找到名字为 Cube 的物体让其旋转
        transform.parent.Rotate(1,0,0);//让当前物体的父物体进行旋转
    }
}
```

（3）选中 Sphere，为其添加 level 脚本，运行游戏，Capsule 和 Cube 都执行了旋转动画，但 Capsule 由于是父物体，执行了旋转代码，而 Cube 在执行自身旋转代码的同时，受父物体 Capsule 的影响，也会随着父物体进行旋转，所以二者的旋转速度是不同的。

项目总结与评价

Unity 中的游戏物体可以通过菜单或视图创建，也可以在游戏运行中通过脚本动态创建，本项目从创建游戏物体入手，逐步介绍了如何通过脚本改变游戏物体的 Transform 属性，包括物体的移动、旋转和缩放，同时介绍了获取游戏物体的各种方法，都是用脚本来实现的，这是后续进行游戏创作的基础，需要理解它们的含义，在编写代码时，要注意区分名字的大小写，遇到问题多思考解决问题的方法，养成耐心、细致的制作习惯。

访问游戏物体评价表

评价内容	评价分值	评价标准	得分	扣分原因
任务 1 创建游戏物体	20	1. 是否掌握直接创建游戏物体的方法 2. 是否掌握脚本的添加方法 3. 是否会用脚本动态创建游戏物体		
任务 2 改变游戏物体的 Transform 属性	40	1. 是否理解 Transform 中属性的含义 2. 是否理解脚本中控制物体移动、旋转、缩放代码的含义 3. 是否能够编写脚本控制物体实现移动、旋转和缩放动画		
任务 3 获取游戏物体	40	1. 是否会为游戏物体添加标签 2. 是否会设置游戏物体的父子关系 3. 是否能通过脚本中的方法访问游戏物体 4. 是否能通过名字或标签访问游戏物体 5. 是否能通过父子关系访问其他游戏物体		

项目三 控制游戏物体

项目概述

Unity 是一款综合性很强的工具，创建好游戏中的物体后，其交互功能的实现要通过 C# 脚本进行控制，因此，既需要开发者有清晰缜密的逻辑思维能力，也要有多学科知识储备。本项目通过立方体的移动动画介绍物体控制的两种实现方法，同时介绍物体展示效果的实现方法，进一步熟悉脚本的使用，完成的效果如图 1-46 所示。

图 1-46 立方体移动动画完成效果

 项目实现

任务1　立方体四周转圈移动（非协程）

（1）新建 Unity 项目，在 Hierarchy 视图中单击右键，选择 3D Object 下的 Cube，创建一个立方体，再创建一个平面 Plane。

（2）在 Project 视图中单击右键，选择 Create 下的 Folder，创建一个存放材质的文件夹 Material。在文件夹中单击右键，选择 Create 下的 Material，创建一个材质球 purple，在 Inspector 视图中设置 Albedo 的颜色为紫色，将该材质球拖动到 Plane 上，为平面添加紫色材质。

立方体移动
（非协程）

（3）同理，创建一个黄色材质球 yellow，将其添加给 Cube。

（4）选中 Cube，在 Inspector 视图中设置其 Position 属性 X 值为 3，Y 值为 0.5，Z 值为 -3，如图 1-47 所示。

图 1-47　设置 Cube 的 Position 属性

（5）在 Project 视图中新建一个存放脚本的文件夹 Script，在文件夹中单击右键，选择 Create 下的 C# Script 命令，新建一个脚本文件 cubeMove，编写如下代码：

```csharp
using System.Collections;
using System.Collections.Generic;
using UnityEngine;
public class cubeMove : MonoBehaviour
{
    private Vector3 v=new Vector3();
    private float speed=0.0375f;//移动速度
    void Start()
    {
        v.z=speed;//定义初始移动方向
        v.x=0;
    }
    void Update()
    {
        transform.position+=v;
        if(transform.position.z>3)//如果向前移动的位置大于3,则向左转向
        {
            transform.position=new Vector3(3,transform.position.y,3);
            Turn("left");
        }
```

```
    if(transform.position.x<-3) //如果向左移动的位置小于-3,则向下转向
    {
        transform.position=new Vector3(-3,transform.position.y,3);
        Turn("down");
    }
    if(transform.position.z<-3) //如果向下移动的位置小于-3,则向右转向
    {
        transform.position=new Vector3(-3,transform.position.y,-3);
        Turn("right");
    }
    if(transform.position.x>3) //如果向右移动的位置大于3,则向前转向
    {
        transform.position=new Vector3(3,transform.position.y,-3);
        Turn("up");
    }
}
void Turn(string direction)
{
    switch (direction)
    {
        case "up":
            v.z=speed;
            v.x=0;
            break;
        case "down":
            v.z=-speed;
            v.x=0;
            break;
        case "left":
            v.x=-speed;
            v.z=0;
            break;
        case "right":
            v.x=speed;
            v.z=0;
            break;
    }
}
}
```

（6）选中 Cube，为其添加 cubeMove 脚本，运行游戏，则 Cube 会沿着平面四周转圈移动。

任务2 立方体四周转圈移动（协同程序）

（1）新建 Unity 项目，用与上一任务同样的方法搭建场景。

（2）新建 C#脚本文件 cubeMoveCoroutine，编写代码如下：

立方体移动

（协程）

```
using System.Collections;
using System.Collections.Generic;
using UnityEngine;
public class cubeMoveCoroutine : MonoBehaviour
{
    private Vector3 v=new Vector3();
    private float speed=0.0375f;
    void Start()
    {
        StartCoroutine(Routine());//开启协同程序
    }
    void FixedUpdate()
    {
        transform.position+=v;
    }
    IEnumerator  Routine()
    {
        v.z=speed;
        v.x=0;
        yield return new WaitForSeconds(3f);//等待3秒
        v.z=0;
        v.x=-speed;
        yield return new WaitForSeconds(3f);
        v.z=-speed;
        v.x=0;
        yield return new WaitForSeconds(3f);
        v.z=0;
        v.x=speed;
        yield return new WaitForSeconds(3f);
        StartCoroutine(Routine ());
    }
}
```

知识链接

协同程序，即在主程序运行的同时开启另一段逻辑处理，来协同当前程序的执行。启动协同程序可以用 StartCoroutine 方法，终止协同程序可以用 StopCoroutine 方法。StartCoroutine 方法可以使用返回值为 IEnumerator 类型的方法作为参数。

（3）选中 Cube，为其添加 cubeMoveCoroutine 脚本，运行游戏，Cube 会沿着平面四周转圈移动。

任务 3　物体展示动画

（1）新建 Unity 项目，在 Project 视图中 Assets 处单击右键，选择 Import Package 下的 Custom Package 命令，将给出的 golem. unitypackage 资源包导入进来。

（2）找到导入资源中的 Prefabs 文件夹，选中 GolemPrefab 预制体模型，将其拖曳到 Scene 场景中，调整其位置。

物体展示

> 知识链接
>
> 　将 Hierarchy 视图中的游戏物体拖曳到 Project 视图中，该游戏物体图标变成了蓝色，表明该物体已经成为一个预制体。预制体是可以重复使用和利用的，一般名称为 Prefab。当一个游戏中需要大量多次用到同一个物体的时候，就可以将该物体制作成预制体，当修改时，只需要改变预制体，其他的预制体实例就可以同步完成修改。

　（3）此时，模型的中心点在模型的底部，可在 Hierarchy 视图中单击右键，选择 Create Empty 命令，创建一个空物体，将刚才导入的模型作为空物体的子物体，即可将其中心点变成物体的中心位置。

　（4）新建一个 C#脚本文件 showObj，编写代码如下：

```
using System.Collections;
using System.Collections.Generic;
using UnityEngine;
public class showObj : MonoBehaviour
{
    public Transform obj;
    public float speed=2;//旋转速度
    private bool _mouseDown=false;//鼠标按下标志
    void Update()
    {
        if(Input.GetMouseButtonDown(0))
            _mouseDown=true;
        else if(Input.GetMouseButtonUp(0))
            _mouseDown=false;
        if(_mouseDown)
        {
            float fMouseX=Input.GetAxis("Mouse X");
            float fMouseY=Input.GetAxis("Mouse Y");
            obj.Rotate(Vector3.up,fMouseX*speed,Space.World);//上下旋转
            obj.Rotate(Vector3.right,fMouseY*speed,Space.World);//左右旋转
        }
    }
}
```

　（5）选中 Main Camera，为其添加 showObj 脚本，在脚本中将空物体添加到 Obj 处，如图 1-48 所示。

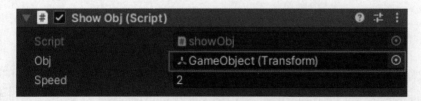

图 1-48　为 showObj 脚本添加游戏物体

　（6）运行游戏，当拖动鼠标时，可以实现物体的转圈展示效果。

项目总结与评价

本项目首先介绍了利用坐标控制立方体四周转圈移动的动画效果，然后介绍了用协同程序的方法控制立方体四周转圈移动，可以让代码简化，最后介绍了控制物体360度展示动画的实现方法。从本项目的内容可以看出，同一种动画效果的实现方法并不唯一，读者在学习时可以多次尝试，树立学习的信心，同时注重对自身逻辑能力的培养。

控制游戏物体评价表

评价内容	评价分值	评价标准	得分	扣分原因
任务1 立方体四周转圈移动（非协程）	30	1. 是否能正确创建游戏物体并添加材质 2. 控制立方体移动的脚本编写是否正确 3. 是否能独立修改脚本中的错误		
任务2 立方体四周转圈移动（协同程序）	40	1. 是否理解协同程序 2. 是否能够用协同程序知识编写脚本控制立方体移动 3. 是否能独立修改脚本中的错误		
任务3 物体展示动画	30	1. 是否会导入资源包 2. 是否会调整物体中心点 3. 是否能够实现物体展示动画		

项目四　使用游戏物体和组件

项目概述

组件是绑定到游戏对象上的一组相关属性，游戏物体通过组件可以获取到相应的属性和功能。本项目首先介绍组件的使用方法，然后通过克隆游戏物体模拟游戏中重复出现的怪物、快速发射的子弹用到的技术，通过倒计时动画模拟物体的冷却时间、英雄的复活等计时效果的实现方法。倒计时动画完成的效果如图1-49所示。

图1-49　倒计时动画效果

项目实现

任务1 使用组件

（1）新建 Unity 项目，利用 Plane 和 Cube 创建如图 1-50 所示的游戏场景。

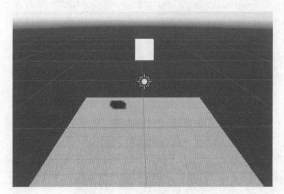

使用组件

图 1-50　创建游戏场景

（2）新建 C#脚本 useComponent，编写如下代码：

```
using System.Collections;
using System.Collections.Generic;
using UnityEngine;
public class useComponent : MonoBehaviour
{
    public GameObject obj;
    private Rigidbody rb;
    IEnumerator  Start()
    {
        rb=gameObject.GetComponent<Rigidbody>();//获得刚体组件
        if(rb！=null)
        {
            gameObject.GetComponent<Renderer>().material.color=Color.red;//变为红色
            rb.useGravity=false;//取消重力
            yield return new WaitForSeconds(2);
            Destroy(obj);//销毁游戏物体
        }
        else
        {
            gameObject.GetComponent<Renderer>().material.color=Color.blue;//变为蓝色
            gameObject.AddComponent<Rigidbody>(); //添加刚体
        }
    }
}
```

（3）选中 Cube，为其添加 useComponent 脚本，并将 Cube 添加到脚本的 Obj 属性处，如图 1-51 所示。

图 1-51　为 useComponent 脚本添加游戏物体

（4）运行游戏，由于 Cube 没有添加刚体组件，所以执行的是代码中 else 语句中的功能，让 Cube 变为蓝色并受到刚体组件中重力的影响落到平面上。

（5）选中 Cube，在 Inspector 视图中单击 Add Component 按钮，添加 Rigidbody 刚体组件，再次运行游戏，Cube 执行的是代码中 if 语句的功能，Cube 变为红色，等待 2 秒后消失。

任务 2　克隆游戏物体

1. 利用脚本实现物体克隆

（1）新建 Unity 项目，在 Scene 中创建一个游戏物体 Cube，更改其颜色为蓝色。

克隆游戏物体

（2）在 Project 视图中新建一个文件夹 Prefab，将 Cube 拖曳至 Prefab 文件夹中，删除 Hierarchy 视图中的 Cube，此时，Cube 只存在于 Prefab 文件夹中，是一个预制体。

（3）新建一个 C#脚本文件 insdemo，编写代码如下：

```
using System.Collections;
using System.Collections.Generic;
using UnityEngine;
public class insdemo : MonoBehaviour
{
    public GameObject obj;
    int i = 0;
    void Start()
    {
        while (i<5)
        {
            Instantiate(obj,new Vector3(i*2.0f,0,0),Quaternion.identity);/*水平方向每间隔两个单位克隆一个 obj,旋转角不变 */
            i++;
        }
    }
}
```

（4）选中 Main Camera，将 insdemo 添加给摄像机，单击 Inspector 视图右上角的 🔒 图标，将视图锁定，将预制体 Cube 添加到 insdemo 脚本的 Obj 物体处。保存场景，运行游戏，此时 Game 视图中出现 5 个 Cube 实例，效果如图 1-52 所示。

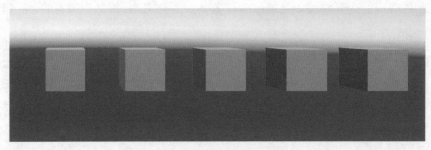

图 1-52　用脚本克隆物体效果

2. 利用计时器脚本实现物体克隆

（1）新建一个新的场景，新建一个 C#脚本 insTimeDemo，编写代码如下：

```csharp
using System.Collections;
using System.Collections.Generic;
using UnityEngine;
public class insTimeDemo : MonoBehaviour
{
    public GameObject obj;
    float cdTime=0;//定义计时器变量
    void Update()
    {
        cdTime+=Time.deltaTime;
        if(cdTime>=2)
        {
            cdTime=0;//计时器变量大于等于2秒时,清零
            CreateObj();
        }
    }
    void CreateObj()
    {
        GameObject newObj=GameObject.Instantiate(obj);//克隆obj
        float x=Random.Range(0.1f,10f);//生成随机变量
        float y=Random.Range(0.1f,10f);
        float z=Random.Range(0.1f,10f);
        Vector3 pos=new Vector3(x,y,z);
        newObj.transform.position=pos; //设置物体出现的位置
        newObj.transform.eulerAngles=pos;//设置物体的角度
    }
}
```

（2）选中 Main Camera，将 insTimeDemo 添加给摄像机，用与上一任务相同的方法将预制体 Cube 添加到 insTimeDemo 脚本的 Obj 物体处。保存场景，运行游戏，每隔 2 秒 Game 视图中克隆出 1 个 Cube 实例，如图 1-53 所示。

图 1-53 用计时器脚本克隆物体

任务 3 **倒计时效果**

（1）新建 Unity 项目，在 Hierarchy 视图中单击右键，选择 UI 下的 Image，创建一个图片。

（2）选择 Canvas，在 Inspector 视图中将 Render Mode 更改为 World Space，设置 Pos X、Pos Y 和 Pos Z 的值均为 0，如图 1-54 所示。

倒计时动画

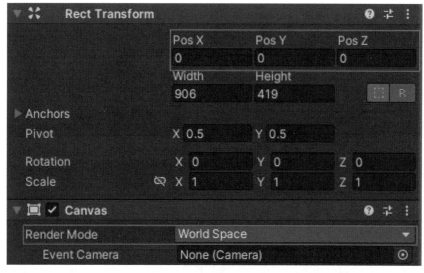

图 1-54 设置 Canvas 参数

（3）在 Hierarchy 视图中 Canvas 上单击右键，选择 UI 下的 Legacy 下的 Text，创建一个文本，在 Inspector 视图中设置 Image 和 Text 的 Pos X、Pos Y 和 Pos Z 的值均为 0。

（4）调整 Main Camera 的位置，让 Game 视图能够显示游戏场景。

（5）将素材文件夹中的 bj.jpg 图片文件复制，在 Project 视图中 Assets 处单击右键，选择 Show in Explorer，进入 Assets 文件夹中，新建 Texture 文件夹，将 bj.jpg 图片粘贴到 Texture

文件夹中。

（6）选择 bj. jpg 图片，在 Inspector 视图中设置其 Texture Type 为 Sprite（2D and UI），单击 Sprite Editor 按钮，如图 1-55 所示，在弹出的窗口中单击 Apply 按钮。

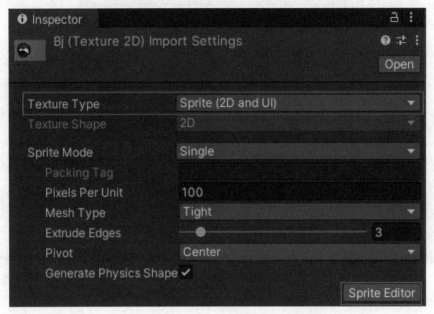

图 1-55　将 bj. jpg 图片更改为精灵图片

（7）选择 Image，将 bj. jpg 图片添加到 Inspector 视图中 Source Image 处，如图 1-56 所示。

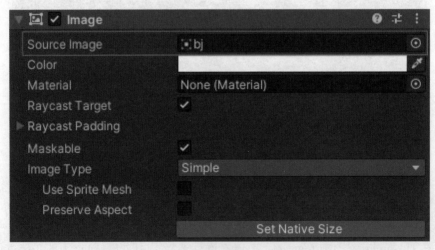

图 1-56　为 Image 添加背景图片

（8）选择 Image，在 Inspector 视图中设置其 Width 值为 120，Height 值为 80，如图 1-57 所示。

（9）选中 Text，调整其在 Image 中的显示位置，将 Text 属性值更改为"开始"，并根据

图 1-57　调整 Image 的大小

实际情况调整 Text 的颜色为黄色，Font Style 为 Bold，Font Size 值为 24，如图 1-58 所示。

图 1-58　设置 Text 属性参数

（10）如果此时 Text 文字显示效果不清晰，可以将 Canvas 画布选中，调整其 Canvas Scaler 组件中的参数，如图 1-59 所示。

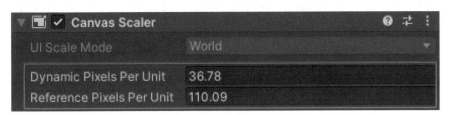

图 1-59　调整画布参数

（11）新建 C#脚本文件 daojishi，编写代码如下：

```
using System.Collections;
using System.Collections.Generic;
using UnityEngine;
using UnityEngine.UI;
public class daojishi : MonoBehaviour
{
    public int TotalTime=90;//定义倒计时总时间长度
    public Text TimeText;//定义显示时间的文本
    private int minute;//定义分钟
    private int second;//定义秒
    void Start()
    {
        StartCoroutine(startTime());//启用协程
    }
    IEnumerator startTime()
    {
        while(TotalTime>0)//当剩余时间大于0
        {
            yield return new WaitForSeconds(1);//等待1秒后让时间开始倒计时
            TotalTime--;
            minute=TotalTime /60;//计算分钟
            second=TotalTime % 60;//计算秒
            if(second>=10)//如果大于10秒,设置文本的显示效果
            {
                TimeText.text="0"+ minute+ ":"+ second;
            }
            else if(TotalTime<=0)//如果倒计时结束,显示过年好
            {
                TimeText.text="过年好";
            }
            else //如果小于10秒,设置文本显示效果
            TimeText.text="0"+ minute+ ":0"+ second;
        }
    }
}
```

（12）选择 Main Camera，为其添加 daojishi 脚本，将 Text 文本添加到脚本的 Time Text 对象处，并将 Total Time 的值设置为 70，如图 1-60 所示。

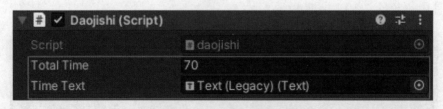

图 1-60　设置 daojishi 脚本参数

（13）运行游戏，倒计时动画制作完成，当倒计时结束时，显示"过年好"。

项目总结与评价

本项目首先介绍了脚本中调用游戏组件的方法，然后介绍了克隆物体的两种方法：其一是通过 Instaniate 脚本实现物体克隆；其二是通过计时器脚本实现物体的克隆，最后，介绍了倒计时脚本的编写方法，这些都是游戏开发中常用的功能，需要在掌握这些脚本的基础上，多思考，灵活应用到自己设计的游戏中。

使用游戏物体和组件评价表

评价内容	评价分值	评价标准	得分	扣分原因
任务 1 使用组件	30	1. 是否能正确布置场景 2. 是否能正确编写脚本并理解其含义 3. 是否掌握组件的动态调用方法		
任务 2 克隆游戏物体	40	1. 是否会制作预制体 2. 是否能够用 Instantiate 脚本实现克隆 3. 是否能够用计时器脚本实现克隆		
任务 3 倒计时效果	30	1. 是否能够正确布置游戏界面 2. 是否正确编写倒计时脚本 3. 是否能够理解脚本含义并对错误的代码进行修改		

模块小结

本模块从 Unity 软件入门知识开始，介绍了 Unity 的工作环境及游戏项目的制作流程，通过案例的介绍，将初次接触 Unity 必须掌握的游戏物体的创建与访问方法、游戏物体属性的修改技巧、材质的添加、预制体的创建、脚本的编写、协同程序的使用、资源的导入、如何控制游戏物体以及组件的使用方法进行一一讲解，希望读者在掌握这些入门知识的同时，注意培养自己的逻辑思维能力，养成良好的脚本编写习惯，并关注我国游戏产业的发展，为以后从事游戏开发奠定良好的基础。

 课后习题

一、单选题

1. 可以用来安装 Unity 的工具是（　　　　）。

A. Unity Hub　　　　B. 百度云盘　　　　C. 驱动精灵　　　　D. QQ 邮箱

2. Unity 的 Help 菜单中，连接至 Unity 官方在线教程的命令是（　　　　）。

A. About Unity　　　　　　　　　　B. Manage License

C. Unity Manual　　　　　　　　　　D. Scripting Reference

3. 在 Unity 编辑器中进行场景编辑的视窗叫作（　　）。

A. 游戏视窗 Game View
B. 场景视窗 Scene View

C. 项目视窗 Project View
D. 检视视窗 Inspector

4. 以下不属于 Unity 引擎所支持的视频格式文件的是（　　）。

A. 后缀名为 .mov 的文件
B. 后缀名为 .mpg 的文件

C. 后缀名为 .avi 的文件
D. 后缀名为 .swf 的文件

5. Unity 引擎研发公司来自（　　）。

A. 丹麦
B. 美国
C. 瑞典
D. 希腊

6. 对所有开发素材加资源文件进行管理的操作界面是（　　）。

A. Project 项目管理界面视窗
B. Game 游戏界面视窗

C. Hierarchy 游戏对象管理视窗
D. Inspector 检视视窗

7. Unity 每个游戏对象至少都会存在（　　）。

A. Transform 空间组件
B. Light 光照组件

C. Collider 碰撞组件
D. Mesh Renderer 网格渲染器组件

8. 下列菜单中，可以用于打开设置发布程序选项的面板的是（　　）。

A. General Settings→Layers→Collision
B. Edit→Render Settings

C. Edit→Project Settings→Player
D. Edit→Preferences

9. 下列有关预制体的说法，错误的是（　　）。

A. 预制体是一种 Asset 资源类型

B. 预制体可以多次在场景进行实例

C. 预制体是一种特殊的游戏对象

D. 预制体在 Hierarchy 面板中显示为蓝色

10. 在 Hierarchy 视图中选中一个物体后，将鼠标放置在 Scene 视图中，按（　　）键使选中物体成为视觉焦点。

A. B
B. E
C. F
D. V

11. 在 Unity 引擎中，关于如何向工程中导入图片资源，以下错误的是（　　）。

A. 将图片文件复制或剪切到项目文件下的 Assets 文件夹或 Assets 子文件夹下

B. 通过 Assets→Import New Asset 导入资源

C. 选中所需图片，按住鼠标左键拖入 Project 视图中

D. 选中所需图片，按住鼠标左键拖入 Scene 视图中

12. 某个 GameObject 有一个名为 MyScript 的脚本，该脚本中有一个名为 DoSomething 的函数，则使用（　　）在该 Gameobject 的另外一个脚本中调用该函数。

A. GetComponent().DoSomething()
B. GetComponent

C. GetComponent().Call("DoSomething")
D. GetComponent

13. 使用（　　）通过脚本来删除其自身对应的 Gameobject。

A. Destroy(gameObject)
B. this.Destroy()

C. Destroy(this)
D. 其他三项都可以

14. 两个游戏物体 Cube1 和 Cube2 的开始坐标为均为（4，3，1），现将 Cube2 向 Cube1 的右下方移动 1 个单位后变为 Cube1 的子物体，则 Cube2 坐标为（　　　）。

A.（5，4，1）　　　B.（5，2，1）　　　C.（-1，1，0）　　　D.（1，-1，0）

二、多选题

1. 以下可以更改游戏物体的位置的是（　　　）。

A. Move Tool　　　B. Rotate Tool　　　C. Transform Tool　　　D. View Tool

2. 以下操作可以快速聚焦该游戏物体的是（　　　）。

A. 按 F 键　　　　　　　　　　　　　B. 按 S 键

C. 单击该游戏物体　　　　　　　　　D. 双击该游戏物体

3. 以下操作可以对游戏物体进行重命名的是（　　　）。

A. 在 Hierarchy 面板中游戏物体名字上单击鼠标左键

B. 在 Hierarchy 面板中游戏物体上单击鼠标右键，选择 Rename 命令

C. 在 Hierarchy 面板中选中游戏物体后按 F2 键

D. 在 Hierarchy 面板中选中游戏物体后，在名字上再次单击

4. 在 Unity 中放大或缩小视角可以用（　　　）方法。

A. 滚动鼠标滚轮　　　　　　　　　　B. Alt+鼠标右键拖动鼠标

C. Alt+鼠标左键拖动鼠标　　　　　　D. 按住鼠标滚轮拖动鼠标

5. Transform Tool 工具是（　　　）的组合。

A. Move（移动）　　　B. Rotate（旋转）　　　C. Scale（缩放）　　　D. View（查看）

6. 下列叙述中，有关 Prefab 的说法，正确的是（　　　）。

A. Prefab 是一种资源类型

B. Prefab 是一种可以反复使用的游戏对象

C. Prefab 可以多次在场景进行实例

D. 实例出的 GameObject 上的组件信息一经改变，其对应的 Prefab 也会自动改变

7. 关于 Unity 面板，下面内容正确的是（　　　）。

A. Project（工程）面板中显示当前工程中的所有资源

B. Hierarchy（层级）面板用来显示当前场景中的所有物体

C. Inspector（属性）面板用来显示当前物体的属性

D. Inspector（属性）面板用来显示当前工程中的所有资源

8. 关于 Unity 脚本，说法正确的是（　　　）。

A. 脚本创建时，自动生成 Start( ){ } 和 Update( ){ }

B. 希望只执行一次的代码要写在 Start( ){ } 的大括号中

C. 希望每帧都执行一次的代码要写在 Update( ){ } 的大括号中

D. 脚本中的 Update( ){ } 不可以删除

三、判断题

1. 终止一个协同程序可以使用 StopCoroutine 方法。　　　　　　　　　　　（　　　）

2. Center 模式是以所有选中物体所组成的轴心作为游戏物体的轴心参考点。　（　　　）

3. Pivot 模式是以所有选中物体所组成的轴心作为游戏物体的轴心参考点。　　（　　）

4. 按住 Ctrl+鼠标左键拖动可以旋转游戏场景。　　（　　）

5. Hierarchy 窗口中，通过拖动一个物体到另一个物体上，可以定义游戏物体的父子关系。　　（　　）

6. Unity 外部资源不可直接拖曳至 Scene 或 Hierarchy 视图中。　　（　　）

7. 在 Unity 中，若修改了材质的颜色，例如，renderer. material. color = Color. green；，则会重新创建一个材质。　　（　　）

8. 当一个 Prefab 添加到场景中时，也就是创建了它的一个实例。　　（　　）

9. Unity 引擎编辑器视窗布局不可以随时调整。　　（　　）

10. transform. Rotate 的属性中如果添加了 Space. World，则表示让游戏物体沿着世界坐标方向旋转。　　（　　）

四、简答题

1. 简述 Prefab 的用处。

2. 什么是协同程序？

3. 简述 Unity 支持的脚本语言的名称。

五、操作题

1. 编写脚本，用键盘控制摄像机上下左右移动。

2. 制作立方体每隔 3 秒改变颜色的动画。

3. 编写脚本，使主摄像机不显示。

模块二

使用物理引擎

 模块内容导读

Unity 中的物理引擎是一种用于模拟现实世界物理现象的技术，是实现游戏真实感和交互性的重要技术之一，在玩家对游戏真实感及操作感要求越来越高的今天，物理引擎可以让虚拟世界中的物体运动更加符合真实世界的物理定律，它可以让物体在游戏中产生真实的运动和碰撞效果，同时支持多种力场效果，如空气阻力、水流阻力等，以及多种物理约束条件，如关节、链条等，这些功能为开发者提供了更多的创意空间，可以制作出更加丰富和真实的游戏场景，本模块将重点介绍 Unity 中物理引擎的使用方法。

学习目标

（1）熟悉刚体属性，能够正确使用刚体模拟各种力的效果

（2）了解碰撞体和触发器的区别，能够正确应用碰撞体和触发器实现物体的碰撞检测

（3）能够正确应用角色控制器实现各种视角下角色的移动

（4）能够使用物理材质模拟物体自身物理特性的运动

（5）能够正确应用射线技术

（6）能够正确应用关节知识实现物体间的约束和连接

素养目标

（1）尊重科学规律，感受科技的魅力，树立科技报国的信念

（2）懂得精确的重要性，养成精益求精的工匠精神

（3）要有实践和探索精神，培养求知欲与解决问题的能力

（4）理解团队合作与协调的重要性，培养团队合作精神

项目五 刚体——力的模拟

项目概述

  2021 年 4 月 29 日，中国空间站"天和"核心舱在海南文昌发射场发射升空，准确进入预定轨道。6 月 17 日，"神舟十二号"载人飞船发射升空，与"天和"核心舱形成组合体。空间站建设中，一次次里程碑式的事件预示着中国强大的科技实力。在这个过程中，需要精确计算和控制火箭的推力和速度，以确保成功发射和精确入轨。生活中使用力的场景随处可见，本项目主要介绍物理引擎中刚体组件的使用以及用其模拟的各种力的效果，完成的效果如图 2-1 所示。

图 2-1　力的模拟效果

项目实现

任务 1　使用 AddForce 施加力

  （1）新建 Unity 项目，利用 Cube 和给出的材质图片布置如图 2-2 所示游戏场景。

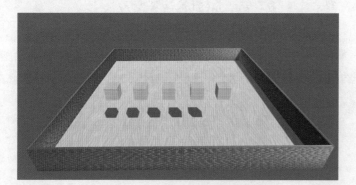

图 2-2　布置游戏场景

使用 AddForce 施加力

（2）单击 Cube，在 Inspector 视图中单击 Add Component 按钮，从弹出的菜单中选择 Rigidbody，为 Cube 添加刚体组件，如图 2-3 所示，这里的 5 个 Cube 都要添加刚体组件。

图 2-3　添加刚体组件

知识链接

Rigidbody（刚体）组件使物体能够在物理引擎的控制下运动，用来模拟真实的物理效果。其参数面板如图 2-4 所示。

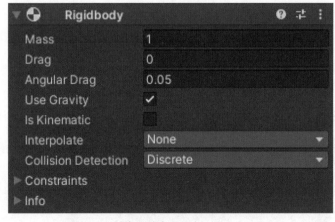

图 2-4　刚体组件参数面板

1. Mass：质量。
2. Drag：阻力。
3. Angular Drag：旋转阻力。
4. Use Gravity：使用重力。
5. Is Kinematic：是否遵循动力学。
6. Interpolate：插值。
7. Collision Detection：碰撞检测。
8. Constraints：限制条件。

（3）在 Project 视图中单击右键，选择 Create 命令下的 Folder，新建一个文件夹，将其命名为 Script，用来存放脚本文件。在 Script 文件夹中单击右键，选择 Create 下的 C# Script 命令，新建一个脚本文件，将其命名为 rigi1。

（4）双击打开 rigi1 脚本文件，为其添加如下代码：

```
using System.Collections;
using System.Collections.Generic;
using UnityEngine;
public class rigi1 : MonoBehaviour
{
    private Rigidbody myRigidbody;//声明刚体组件
    void Start()
    {
        myRigidbody=this.GetComponent<Rigidbody>();//获取刚体组件
    }
    void Update()
    {
        if(Input.GetMouseButtonDown (0))//判断是否按下了鼠标左键
        {
            myRigidbody.AddForce(Vector3.forward*10,ForceMode.Impulse);
            //施加向前的瞬时力
        }
    }
}
```

知识链接

function AddForce（force：Vector3，mode：ForceMode＝ForceMode. Force）：void

AddForce 函数用来对刚体施加一个指定方向的力，force 为力的方向和大小，Force-Mode 为力的模式。在函数中，力的模式有四种：

Force：对刚体施加一个持续的力，考虑刚体的质量。

Impulse：对刚体施加一个瞬间冲击力，考虑刚体的质量。

Acceleration：对刚体施加一个持续加速度，忽略刚体质量。

VelocityChange：在原有速度基础上给其施加瞬间加速度来改变刚体速度，忽略刚体质量。

（5）选中左侧第一个 Cube，将脚本 rigi1 拖曳到物体上，为其添加该脚本。运行游戏，此时，Cube 受到重力的作用会落到平面上，如果单击鼠标左键，该 Cube 会类似子弹一样向前飞出。

（6）新建 C#脚本 rigi2，为其添加如下代码：

```
using System.Collections;
using System.Collections.Generic;
using UnityEngine;
public class rigi2 : MonoBehaviour
{
    private Rigidbody myRigidbody;
    void Start()
    {
```

```
myRigidbody=this.GetComponent<Rigidbody>();
myRigidbody.AddForce(new Vector3(0,10,0),ForceMode.Impulse);//施加瞬间力
    }
}
```

（7）选中左侧第二个 Cube，为其添加 rigi2 脚本。运行游戏，该 Cube 受瞬间力的影响会先向上移动一段距离后再落下（可调整刚体组件中 Cube 的质量）。

（8）新建 C#脚本 rigi3，为其添加如下代码：

```
using System.Collections;
using System.Collections.Generic;
using UnityEngine;
public class rigi3 : MonoBehaviour
{
    private Rigidbody myRigidbody;
    void Start()
    {
        myRigidbody=this.GetComponent<Rigidbody>();
    }
    void Update()
    {
        myRigidbody.AddForce(Vector3.up*10,ForceMode.Force);//施加持续向上的力
    }
}
```

（9）选中左侧第三个 Cube，为其添加 rigi3 脚本。运行游戏，该 Cube 受重力的影响会先向下落，但因受持续向上力的影响会继续向上移动（可调整刚体组件中 Cube 的质量）。

（10）新建 C#脚本 rigi4，为其添加如下代码：

```
using System.Collections;
using System.Collections.Generic;
using UnityEngine;
public class rigi4 : MonoBehaviour
{
    private Rigidbody myRigidbody;
    void Start()
    {
        myRigidbody=this.GetComponent<Rigidbody>();
    }
    void FixedUpdate()
    {
        myRigidbody.AddForce(Vector3.up*10,ForceMode.Acceleration);//施加持续加速度
        myRigidbody.MoveRotation(transform.rotation * Quaternion.Euler (new Vec-
tor3(0,100,0)*Time.deltaTime));//设置物体旋转
    }
}
```

（11）选中左侧第四个 Cube，为其添加 rigi4 脚本。运行游戏，该 Cube 会一直向上旋转

移动。

（12）新建 C# 脚本 rigi5，为其添加如下代码：

```
using System.Collections;
using System.Collections.Generic;
using UnityEngine;
public class rigi5 : MonoBehaviour
{
    private Rigidbody myRigidbody;
    void Start()
    {
        myRigidbody=this.GetComponent<Rigidbody>();
        myRigidbody.AddForce(Vector3.up * 10,ForceMode.VelocityChange);/* 施加瞬间
加速度 */
    }
}
```

（13）选中第五个 Cube，为其添加 rigi5 脚本。运行游戏，该 Cube 向上运动一段时间后会落下来。

任务 2 模拟爆炸力

（1）新建 Unity 项目，利用 Cube 和 Plane 布置如图 2-5 所示的场景，其中蓝色的小球相当于爆炸物，爆炸物爆炸后，会带动周围的物体向四处炸开。

模拟爆炸力

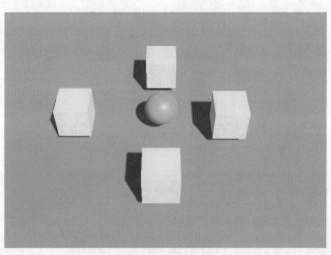

图 2-5　布置游戏场景

（2）为小球和所有的 Cube 添加 Rigidbody（刚体）组件。

（3）新建 C# 脚本 ExplosionForce，为其添加如下代码：

```
using System.Collections;
using System.Collections.Generic;
using UnityEngine;
```

```
public class ExplosionForce : MonoBehaviour
{
    private float radius=10.0f;//设置爆炸半径
    private float force=1000.0f;//设置力的大小
    void Update()
    {
        if (Input.GetKeyDown(KeyCode.Space))//判断是否按下空格执行爆炸
        {
            Explode();
        }
    }
    private void Explode()
    {
        Collider[] colliders=Physics.OverlapSphere(transform.position,radius);
        //查找当前位置半径范围内的所有物体
        foreach (Collider obj in colliders)
        {
            if (obj.GetComponent<Rigidbody>() ! =null)
            {
                obj.GetComponent < Rigidbody > ( ) .AddExplosionForce ( force,
transform.position,radius);//施加爆炸力
            }
        }
    }
}
```

知识链接

public void AddExplosionForce（float explosionForce，Vector3 explosionPosition，float explosionRadius，float upwardsModifier=0.0F，ForceMode mode=ForceMode. Force）；

AddExplosionForce 表示向模拟爆炸效果的刚体施加力。

explosionForce 表示爆炸力（可以根据距离进行修改）。

explosionPosition 表示爆炸波及范围的球体的中心。

explosionRadius 表示爆炸波及范围的球体的半径。

upwardsModifier 表示调整爆炸的视位，呈现掀起物体的效果。

mode 用于将力施加到其目标的方法。

（4）选中小球，为其添加 ExplosionForce 脚本，运行游戏，按下空格键，Cube 向四周飞出，模拟了爆炸效果。

（5）模拟地面爆炸。将上面的代码更改为下面的代码，运行游戏，可发现，当按下空格键时，物体向上飞出爆炸。

```
obj.GetComponent<Rigidbody>().AddExplosionForce(force,transform.position,ra-
dius,100.0f);
```

（6）模拟手雷爆炸。将场景中的 Cube 排列得紧密一些，靠近小球这个爆炸体，修改脚本代码如下：

```
using System.Collections;
using System.Collections.Generic;
using UnityEngine;
public class ExplosionForce : MonoBehaviour
{
    private Rigidbody myRigidbody;
    void Start()
    {
        myRigidbody=GetComponent<Rigidbody>();
        myRigidbody.AddForceAtPosition(new Vector3(10,10,10),Vector3.zero,Force-
Mode.Impulse);//从物体的中心施加一个瞬间力
    }
}
```

知识链接

public void AddForceAtPosition（Vector3 force，Vector3 Position，ForceMode mode）；

AddForceAtPosition 表示从指定位置（Position）处向刚体施加一个力（force），作用方式为 mode。

（7）运行游戏，小球斜向飞出的同时会带动周围的物体飞出，模拟手雷爆炸的效果。

项目总结与评价

本项目主要介绍了物理引擎中刚体组件的应用，同时介绍了刚体组件的一个重要方法：AddForce() 函数，以及该函数下四种力的模式，并通过空中爆炸、地面爆炸、手雷爆炸效果的模拟介绍了 AddExplosionForce() 和 AddForceAtPosition() 两种施加力的方法。希望读者在理解这些函数的同时，能够不断尝试力的各种应用场景，对脚本的编写做到认真、耐心、细致、准确，养成良好的习惯。

力的模拟评价表

评价内容	评价分值	评价标准	得分	扣分原因
任务 1 使用 AddForce 施加力	50	1. 能否正确设计游戏场景 2. 是否理解力的四种模式 3. 是否会正确编写游戏脚本 4. 是否会对错误的脚本进行修改 5. 游戏运行效果是否正确		

续表

评价内容	评价分值	评价标准	得分	扣分原因
任务2 模拟爆炸力	50	1. 能否正确设计并调整游戏场景 2. 是否会正确编写游戏脚本 3. 是否会对错误的脚本进行修改 4. 游戏运行效果是否正确		

项目六　碰撞体——物体碰撞检测

项目概述

宇宙承载着我国人民千百年来的向往，2021年4月24日，智能机器人"祝融号"火星车惊艳亮相，它采用了许多先进的科技，包括自主导航、避障、通信和能源管理等技术，指引航天人不断超越、逐梦星辰。随着科技的进步，智能机器人在生活中的应用也越来越广泛，超市、火车站、图书馆、旅游景区等经常能见到各种机器人，它们在行走中像人一样拥有着自动规避碰撞的本领，在机器人技术中，碰撞检测是一个非常重要的功能。本项目主要介绍 Unity 物理引擎中的碰撞检测技术，完成的效果如图2-6所示。

图2-6　忽略碰撞检测效果

项目实现

任务1　忽略碰撞检测

（1）新建 Unity 项目，将给出的 ball.jpg、floor.jpg 素材资源复制。在 Unity 中 Project 视图下的 Scenes 文件夹上单击右键，选择 Show in Explorer，在打开的资源管理器中新建 Texture 文件夹粘贴，即可将用到的素材添加到项目中。

忽略小球间的碰撞检测

（2）在 Hierarchy 视图上单击右键，选择 3D Object 下的 Plane，创建一个平面，再创建一个球体 Sphere，将图片 floor.jpg 拖曳到 Plane 上，将 ball.jpg 拖曳到 Sphere 上，即可为两个物体添加材质，此时会自动生成一个 Materials 材质文件夹。

（3）选中 floor 材质球，调整其颜色及参数，如图 2-7 所示。

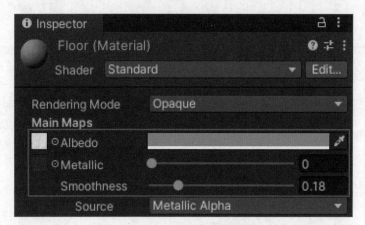

图 2-7　floor 材质球参数

（4）同理，调整 ball 材质球为红色，参数如图 2-8 所示。

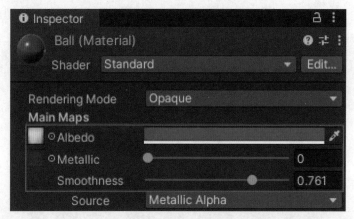

图 2-8　ball 材质球参数

（5）修改 ball 材质球的名字为 redball，将该材质球复制，用同样的方法再创建黄色、绿色、蓝色材质球。

（6）在 Hierarchy 视图中将红色小球名字改为 red，将其复制，分别命名为 green、blue、yellow，并为它们添加对应的材质。

（7）在 Hierarchy 视图中单击右键，选择 Create Empty，创建一个空物体，命名为 redball，将红色小球都移动至该空物体下。同理，将黄色、绿色、蓝色小球都放在不同的空物体下，调整摄像机及小球的位置，此时场景如图 2-9 所示。

（8）将所有的小球选中，在 Inspector 视图中单击 Add Component 按钮，选择 Rigidbody，

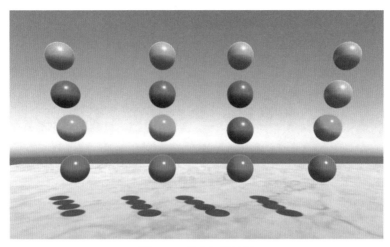

图 2-9　游戏场景效果

为它们添加刚体组件。

（9）在 Inspector 视图中 Layer 下拉列表中单击 Add Layer，添加几个层名称，分别为 red、blue、yellow、green，如图 2-10 所示。

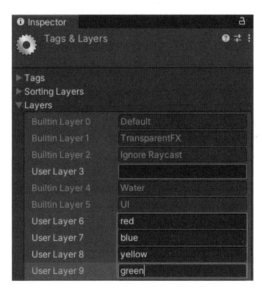

图 2-10　添加层名称

（10）将所有红色的小球选中，将其层名称设置为 red，绿色小球设置为 green，黄色小球设置为 yellow，蓝色小球设置为 blue。

（11）新建 C#脚本文件 IgnoreCollision，添加如下代码，实现不同颜色小球间忽略碰撞。

```
using System.Collections;
using System.Collections.Generic;
using UnityEngine;
```

```
public class IgnoreCollision : MonoBehaviour
{
    public Transform RedBall;
    public Transform GreenBall;
    public Transform BlueBall;
    public Transform YellowBall;
    void Start()
    {
        Physics.IgnoreCollision ( RedBall.GetComponent < Collider > ( ), Green-
Ball.GetComponent<Collider>());
        Physics.IgnoreCollision ( RedBall.GetComponent < Collider > ( ), Blue-
Ball.GetComponent<Collider>());
        Physics.IgnoreCollision ( RedBall.GetComponent < Collider > ( ), Yellow-
Ball.GetComponent<Collider>());
        Physics.IgnoreCollision ( BlueBall.GetComponent < Collider > ( ), Green-
Ball.GetComponent<Collider>());
        Physics.IgnoreCollision ( YellowBall.GetComponent < Collider > ( ), Green-
Ball.GetComponent<Collider>());
        Physics.IgnoreCollision ( BlueBall.GetComponent < Collider > ( ), Yellow-
Ball.GetComponent<Collider>());
    }
}
```

知识链接

　　Collider 是碰撞体组件, 可以定义游戏物体碰撞的有效范围, Unity 内置了六种碰撞体, 分别为 Box Collider (盒子碰撞体)、Sphere Collider (球体碰撞体)、Capsule Collider (胶囊碰撞体)、Mesh Collider (网格碰撞体)、Wheel Collider (轮子碰撞体)、Terrain Collider (地形碰撞体)。如果遇上不规则物体, 可以将几种碰撞体一起使用。

　　(12) 选择主摄像机 Main Camera, 将 IgnoreCollision 脚本添加给主摄像机, 在主摄像机的脚本属性中, 将第一列的四个小球添加进来, 如图 2-11 所示。此时, 运行游戏, 第一列的小球虽然位于不同的层, 但是它们之间可以忽略碰撞检测而融合到一起。

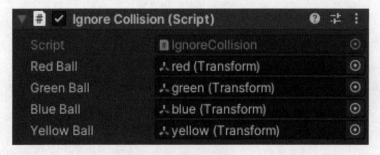

图 2-11　添加游戏物体

（13）设置同层物体之间忽略碰撞检测。单击 Edit 菜单，选择 Project Settings，在弹出的窗口中选择 Physics，取消勾选同层之间的碰撞检测，如图 2-12 所示。运行游戏，发现同层之间也可以实现忽略碰撞。

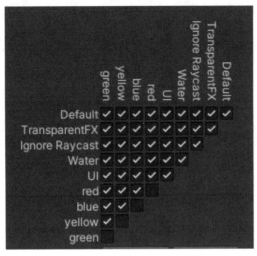

图 2-12　设置同层间忽略碰撞

任务 2　触发器动画

（1）新建 Unity 项目，利用 Cube 和 Sphere 布置如图 2-13 所示的游戏场景。其中，红色的小球为要移动的物体，黄色的 Cube 相当于钻石。

触发器应用

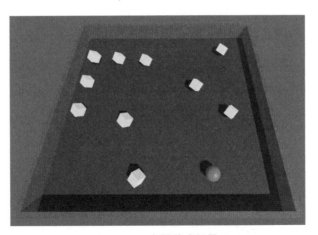

图 2-13　布置游戏场景

（2）在 Inspector 视图中 Tag 下拉列表处选择 Add Tag，新增两个标签，分别为 wall 和 zuanshi，将四周的边框选中，设置其标签为 wall，将所有的黄色 Cube 选中，设置其标签为 zuanshi。

（3）选中小球，在 Inspector 视图中单击 Add Component 按钮，选择 Rigidbody，为其添加刚体组件。

（4）将所有的黄色 Cube 选中，在 Inspector 视图中的 Box Collider 组件中，勾选 Is Trigger，如图 2-14 所示，即让该碰撞体用于触发事件，忽略物理碰撞。

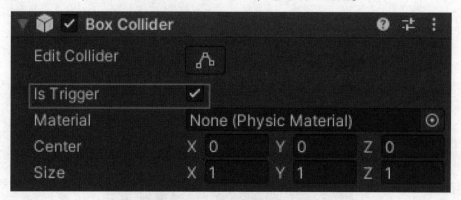

图 2-14　勾选触发器

知识链接

不同类型的碰撞体参数类似，以 Box Collider 为例，参数解释如下：

- Edit Collider：编辑碰撞体。
- Is Trigger：是否作为触发器。
- Material：引用可确定此碰撞体与其他碰撞体的交互方式的物理材质。
- Center：碰撞体在本地对象的位置。
- Size：碰撞体在 X、Y、Z 轴上的尺寸。

（5）在 Hierarchy 视图上单击右键，选择 UI 下的 Legacy 中的 Text，新建一个文本框，命名为 Scoretxt，用来显示游戏得分，调整其与摄像机的相对位置，然后删除 Text 属性中的文字。同理，制作另外一个文本 won，用来显示游戏输赢的文字，将画布 Canvas 设置为主摄像机 Main Camera 的子物体，如图 2-15 所示。

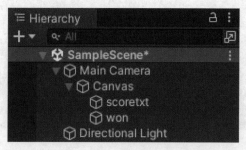

图 2-15　设置主摄像机的子物体

（6）新建 C#脚本 rotate，用于实现钻石的旋转，编辑代码如下：

```
using System.Collections;
using System.Collections.Generic;
using UnityEngine;
```

```
public class rotate : MonoBehaviour
{
    void Update()
    {
        transform.Rotate(new Vector3(0,0.5f,0));
    }
}
```

（7）将所有的钻石选中，为其添加脚本 rotate，运行游戏，所有的钻石会自动旋转。

（8）新建 C#脚本 colliderMove，实现小球吃钻石的动画效果，编辑代码如下：

```
using System.Collections;
using System.Collections.Generic;
using UnityEngine;
using UnityEngine.UI;
public class colliderMove : MonoBehaviour
{
    public float speed=2f;//声明移动速度
    public int score=0;//设置初始得分
    public Text scoreTxt;//声明分数文本
    public Text youwon;//声明输赢文本
    private Rigidbody rig;//声明刚体
    void Start()
    {
        rig=GetComponent<Rigidbody>();//获取刚体组件
    }

    void Update()
    {
        float h=Input.GetAxis("Horizontal");
        float v=Input.GetAxis("Vertical");
        transform.Translate(new Vector3(h,0,v)*speed*Time.deltaTime);//设置小球移动
    }
    private void OnTriggerEnter(Collider other)
    {
        if(other.tag=="zuanshi")//判断标签是否为 zuanshi
        {
            Destroy(other.gameObject);//销毁游戏物体
            score++;//让分数增加
            scoreTxt.text="你的分数是:"+ score;//让分数文本显示
            if(score==10)//判断分数是否为 10 分
            {
                youwon.text="你赢了!";//显示你赢了文本
                gameObject.GetComponent<colliderMove>().enabled=false;//小球不能移动
            }
        }
    }
    private void OnCollisionEnter(Collision collision)
    {
```

```
if(collision.gameObject.tag=="wall")//判断标签是否为 wall
{
    youwon.text="游戏结束";//显示游戏结束文本
    gameObject.GetComponent<colliderMove>().enabled=false;//设置小球不能移动
}
}
}
```

（9）选中红色小球，将刚编写的 colliderMove 脚本添加给小球，在脚本中将对应的文本添加到指定位置，如图 2-16 所示。

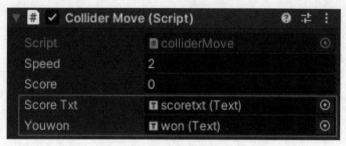

图 2-16   添加游戏物体到组件中

（10）新建 C#脚本 followMove，制作摄像机跟随小球移动的动画，代码编写如下：

```
using System.Collections;
using System.Collections.Generic;
using UnityEngine;
public class followMove : MonoBehaviour
{
    public Transform sphereTransform;
    private Vector3 distance;
    void Start()
    {
        distance=transform.position-sphereTransform.position;/*计算机摄像机和小球
间的距离*/
    }
    void Update()
    {
        transform.position=sphereTransform.position+ distance;//设置摄像机的位置
    }
}
```

（11）为摄像机 Main Camera 添加 followMove 脚本，并将 Sphere 添加到脚本 Sphere Transform 处，如图 2-17 所示。

图 2-17   followMove 脚本参数

（12）运行游戏，按上下左右方向键可移动小球，当吃掉钻石后，会显示分数；当分数达到 10 分时，显示"你赢了"；如果碰到了边框，则显示"游戏结束"。游戏制作完成。

项目总结与评价

本项目以忽略碰撞检测和触发器动画两个案例为例，介绍了碰撞体与触发器的知识，同时介绍了如何忽略碰撞、如何激活触发器、如何实现摄像机跟随动画。碰撞体经常应用在角色走路设计中，而触发器则相当于一个开关，希望读者能够合理使用碰撞体与触发器知识，设计出角色走路规避碰撞的功能及触发事件，让游戏功能更加完善、合理。

物体碰撞检测评价表

评价内容	评价分值	评价标准	得分	扣分原因
任务 1 忽略碰撞检测	50	1. 游戏物体添加是否正确 2. 材质参数调整是否正确 3. 场景中球体摆放是否正确 4. 是否能正确设置层名称 5. 是否能够编写脚本忽略不同层间的碰撞检测 6. 是否能够设置同层间忽略碰撞		
任务 2 触发器动画	50	1. 游戏界面设计是否正确 2. 是否正确添加了物体标签 3. 是否设置了触发器 4. 钻石旋转动画是否正确 5. 小球吃钻石动画是否正确 6. 摄像机跟随动画是否正确		

项目七　角色控制器——控制角色运动

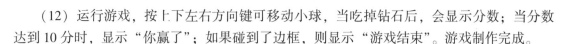

项目概述

钱学森是我国两弹一星功勋奖章获得者，中国科学院、中国工程院资深院士，是中国航天事业的奠基人，2023 年 5 月 27 日，由中国科学技术大学与北京灵境赛博公司联合研发的"合成现实"技术首次在 2023 年中关村论坛发布，利用该技术进行数字复原的"钱学森"先生在论坛上首次正式亮相，科研团队在数字空间内生动还原了钱学森的音容笑貌。虚拟数字人展示了数字技术的强大和多样性，它们可以像真实世界的人一样做出各种动作。而游戏中的角色除了会有移动、爬楼梯等各种动作之外，还常常要与物体或其余的角色进行交互，这都需要用到角色控制器。本项目主要介绍物理引擎中角色控制器的使用以及如何在不同视角下进行角色动动控制，完成的效果如图 2-18 所示。

图 2-18　第一人称角色控制器效果

项目实现

任务1 第三人称视角控制角色移动

（1）新建 Unity 项目，将素材 Texture 文件夹中的图片复制到 Assets 文件夹中，利用 Plane、Cube 和 Capsule 搭建如图 2-19 所示的第三人称视角游戏场景，场景中胶囊代表角色，右侧的台阶高度为 0.5，最上层的台阶高度为 1，左侧的斜坡坡度分别为 30 度和 60 度，正面的斜坡坡度为 45 度，其余场景可自行设计。

第三人称视角
控制角色移动

图 2-19　第三人称视角游戏场景

（2）选中胶囊，在 Inspector 视图中的 Capsule Collider 组件处单击右键，选择 Remove Component，移除自带的胶囊碰撞体组件。单击 Add Component 命令，选择 Character Controller，为其添加一个角色控制器组件。

（3）新建一个 C#脚本 ccController，用于控制角色的移动，代码编写如下：

```
using System.Collections;
using System.Collections.Generic;
using UnityEngine;
public class ccController : MonoBehaviour
{
    public float speed=3;//设置移动速度
    private CharacterController cc;//声明角色控制器
```

```
void Start()
{
    cc = GetComponent<CharacterController>();//获取角色控制器组件
}
void Update()
{
    if(cc.isGrounded)//判断角色是否在地面
    {
        if(Input.GetKey(KeyCode.D))//按 D 键向右走
        {
            cc.Move(Vector3.right * speed * Time.deltaTime);
        }
        if(Input.GetKey(KeyCode.A))//按 A 键向左走
        {
            cc.Move(Vector3.left * speed * Time.deltaTime);
        }
        if(Input.GetKey(KeyCode.W))//按 W 键向前走
        {
            cc.Move(Vector3.forward * speed * Time.deltaTime);
        }
        if(Input.GetKey(KeyCode.S))//按 S 键向后走
        {
            cc.Move(Vector3.back * speed * Time.deltaTime);
        }
    }
    else
    {
        cc.Move(Vector3.down * speed * Time.deltaTime);//若不在地面,则让其落到地面
    }
}
```

（4）选择胶囊，为其添加 ccController 脚本。

（5）在胶囊的 Character Controller 组件处，设置 Slope Limit 值为 45，即允许其爬坡的角度为 45 度，Step Offset 值为 0.5，即允许其行走的台阶高度为 0.5，如图 2-20 所示。

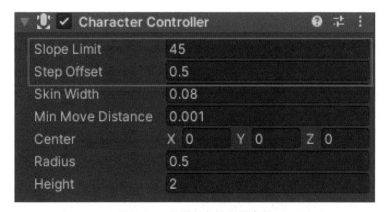

图 2-20　设置角色控制器参数

知识链接

Character Controller（角色控制器）组件主要用于第三人称或第一人称游戏主角的控制，其参数解释如下：

- Slope Limit：坡度度数限制。
- Step Offset：游戏对象可以迈上最高台阶高度。
- Skin Width：皮肤厚度，两个碰撞体可以相互渗入的深度。
- Min Move Distance：最小移动距离。
- Center：碰撞器在世界空间中的位置。
- Radius：碰撞器的半径。
- Height：碰撞器的高度。

（6）新建 C#脚本 follow，制作摄像机跟随动画，代码编写如下：

```csharp
using System.Collections;
using System.Collections.Generic;
using UnityEngine;
public class follow : MonoBehaviour
{
    public Transform myTransform;
    private Vector3 distance;
    void Start()
    {
        distance=transform.position-myTransform.position;
    }
    void Update()
    {
        transform.position=myTransform.position+ distance;
    }
}
```

（7）将 follow 代码添加给 Main Camera，并在其 My Transform 属性处为其添加胶囊物体。运行游戏，可以实现第三人称角色的移动。

（8）上面胶囊移动的代码可以简化。新建 C#脚本 CCMove，编写代码如下：

```csharp
using System.Collections;
using System.Collections.Generic;
using UnityEngine;
public class CCMove : MonoBehaviour
{
    private CharacterController cc;
    private float speed=5f;
    void Start()
    {
        cc=GetComponent<CharacterController>();
    }
```

```
void Update()
{
    float x = Input.GetAxis("Horizontal");
    float y = Input.GetAxis("Vertical");
    cc.SimpleMove(new Vector3 (x * speed,transform.localPosition.y,y * speed));
}
}
```

知识链接

　　Move：角色不受重力约束，需要自己实现重力效果。

　　SimpleMove：会受到重力影响，Y 轴速度会被忽略，只能在平面移动。

（9）将胶囊的代码更改为 CCMove，运行游戏，仍然可以实现第三人称角色的移动。

任务 2　第一人称视角控制角色移动

（1）新建 Unity 项目，用与上一任务同样的方法布置场景，在场景中添加若干个 Cube 和 Sphere，并为它们添加 Rigidbody（刚体）组件。为摄像机添加 Character Controller（角色控制器）组件，布置完成的场景如图 2-21 所示。

第一人称视角
控制角色移动

图 2-21　第一人称视角游戏场景

（2）新建 C#脚本 CCMove，编写代码如下：

```
using System.Collections;
using System.Collections.Generic;
using UnityEngine;
public class CCMove : MonoBehaviour
{
    public float speed = 5f;   //角色移动速度
    public float pushForce = 5f; //推动物体的力量
    public float rotateSpeed = 3f;  //角色转身速度
    private CharacterController cc;
    void Start()
    {
        cc = GetComponent<CharacterController>();
    }
```

```
void Update()
{
     transform.Rotate(new Vector3(0,Input.GetAxis("Horizontal")*rotateSpeed,
0));//单击键盘左右方向键转动角色
     Vector3 forward=transform.TransformDirection(Vector3.forward);/*从自身坐
标到世界坐标转换方向*/
     cc.SimpleMove(forward*speed*Input.GetAxis("Vertical"));/*单击键盘上下键
移动角色*/
}
private void OnControllerColliderHit(ControllerColliderHit hit) /*当碰到物体时
调用*/
{
    Rigidbody rig=hit.collider.attachedRigidbody;//获取被碰撞物体的刚体组件
    if(rig==null ||rig.isKinematic)
        return;
    if(hit.moveDirection.y<-0.3f)/*当角色碰撞器中心到触碰点的方向的y轴分量小于-
0.3时返回*/
        return;
    Vector3 pushDirection=new Vector3(hit.moveDirection.x,0,hit.moveDirection.z);
//设置被碰撞物体的移动方向
    rig.velocity=pushDirection*pushForce;//设置被碰撞物体的速度
}
}
```

（3）选择主摄像机 Main Camera，为其添加 CCMove 脚本。运行游戏，可以实现第一人称视角角色的移动。

任务3　实现上帝视角

（1）新建 Unity 项目，新建一个大一些的 Plane，在上面放一些 Cube，利用给出的素材为其添加材质。

（2）调整摄像机的高度和角度，让其显示部分场景，效果如图 2-22 所示。

上帝视角

图 2-22　上帝视角游戏场景

（3）新建 C#脚本 CameraController，编写代码如下：

```csharp
using System.Collections;
using System.Collections.Generic;
using UnityEngine;
public class CameraController : MonoBehaviour
{
    public GameObject Camera;//声明摄像机游戏物体
    public Vector2 moveRangeX;//声明摄像机的移动范围
    public Vector2 moveRangeY;
    public Vector2 moveRangeZ;
    public float moveSpeed=1;//声明摄像机的移动速度
    void Update()
    {
        if(Input.GetMouseButton(1))//如果按下了鼠标右键,让摄像机进行前后左右移动
        {
            float movex=Input.GetAxis("Mouse X");
            float movez=Input.GetAxis("Mouse Y");
            Vector3 cameraPos=Camera.transform.position;
            cameraPos-=new Vector3(movex*moveSpeed,0,0);
            cameraPos-=new Vector3(0,0,movez*moveSpeed);
            if(cameraPos.x>moveRangeX.x&&cameraPos.x<moveRangeX.y && cameraPos.z>
moveRangeZ.x && cameraPos.z<moveRangeZ.y)
            {
                Camera.transform.position=cameraPos;
            }
        }

        float scrollWheelValue=Input.GetAxis("Mouse ScrollWheel");
        if(scrollWheelValue！=0)//按鼠标中键实现场景的缩放
        {
            Vector3 cameraPos=Camera.transform.position;
            cameraPos+=Camera.transform.forward*scrollWheelValue*moveSpeed*5;
            if (cameraPos.y>moveRangeY.x && cameraPos.y<moveRangeY.y && cameraPos.z>
moveRangeZ.x && cameraPos.z<moveRangeZ.y)
            {
                Camera.transform.position=cameraPos;
            }
        }
    }
}
```

（4）选中主摄像机 Main Camera，为其添加 CameraController 脚本，并为其设置如图 2-23 所示的脚本参数，其中的值为摄像机移动的范围。

（5）运行游戏，按鼠标右键可以实现场景的前后左右移动，按鼠标中键可以实现场景的缩放，模拟上帝视角游戏制作完成。

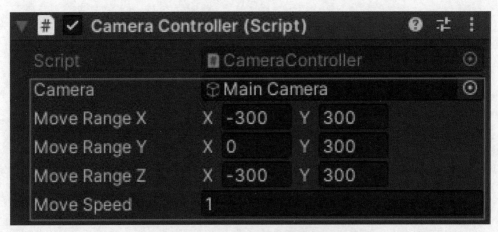

图 2-23　设置 CameraController 脚本参数

项目总结与评价

本项目重点介绍了游戏中常用的第一人称视角、第三人称视角和上帝视角的实现方法，同时介绍了角色控制器（Character Controller）的使用。希望读者能够运用本项目中的内容，实现在不同游戏视角下控制角色移动的动画效果。

控制角色运动评价表

评价内容	评价分值	评价标准	得分	扣分原因
任务 1 第三人称视角 控制角色移动	40	1. 场景设计是否完整 2. 斜坡、台阶参数设置是否正确 3. 角色控制器添加是否正确，参数设置是否正确 4. 是否能够用两种方式实现角色的移动控制 5. 摄像机跟随效果是否能够实现		
任务 2 第一人称视角 控制角色移动	40	1. 场景布置是否正确 2. 是否正确添加刚体、角色控制器组件 3. 脚本编写是否正确 4. 是否能够对错误的脚本进行修改		
任务 3 实现上帝视角	20	1. 是否能够运用摄像机正确布置场景 2. 是否能够编写脚本实现右键控制场景移动 3. 是否能够编写脚本实现中键缩放场景 4. 是否能够理解脚本含义并对错误的脚本进行修改		

项目八 物理材质与射线——射线技术应用

项目概述

著名的物理学家牛顿发现了万有引力定律，向我们解释了行星的运动规律。2013年6月20日，王亚平在距离地面几百千米的太空为全国6 000多万名学生讲授了一堂有关质量、速度、重力的物理课，让学生们充分感受到了物理的奥秘和太空的神奇。这些事件告诉我们科学规律和自然现象之间存在着必然联系，只要你有一双善于发现的眼睛和勇于探索的精神。为了让游戏中的物体运动更加真实，经常为物体添加物理材质，通过设置物体的密度、弹性、摩擦力等属性来模拟其在各种物理现象时的反应和表现，从而创建出各种逼真的物体效果和碰撞反馈。在 Unity 中，物理材质既可以通过编辑器进行创建和调整，也可以通过脚本控制和自定义其属性，以满足不同的游戏需求。本项目主要讲解物理引擎中物理材质的使用及射线的应用，案例效果如图 2-24 所示。

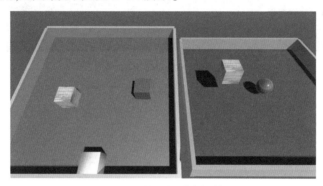

图 2-24　物理材质案例效果

项目实现

任务 1 使用物理材质

（1）新建 Unity 项目，将给出的素材资源导入 Assets 文件夹中，利用 Cube、Plane 和 Sphere 素材搭建如图 2-25 所示的游戏场景。需要注意的是，左侧的盒子有倾斜角度，右侧的没有，左侧的三个 Cube 分别代表木块、铁块和橡胶。

使用物理材质

（2）选中所有的 Cube 和 Sphere，在 Inspector 视图中单击 Add Component 按钮，选择 Rigidbody，为它们添加刚体组件。

（3）在 Project 视图空白处单击右键，选择 Create 下的 Physic Material，创建一个物理材质，将其命名为 wood，修改其 Dynamic Friction 的值为 0.5，Static Friction 的值为 0.5，如图 2-26 所示。

图 2-25 搭建游戏场景

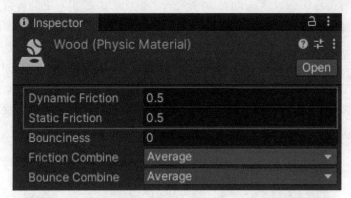

图 2-26 wood 物理材质参数

知识链接

　　物理材质就是为物体指定了物理特性的一种特殊材质，其常用的参数有三个，即 Dynamic Friction（滑动摩擦系数）、Static Friction（静摩擦系数）和 Bounciness（弹力），同时，还可以通过修改 Friction Combine 参数来设置碰撞体间摩擦系数的混合模式以及 Bounce Combine 参数来设置表面弹性的混合模式。

　　（4）同理，再次新建一个物理材质 ice，设置其 Dynamic Friction 和 Static Friction 的值均为 0，即让其产生一种冰面的效果，参数如图 2-27 所示。

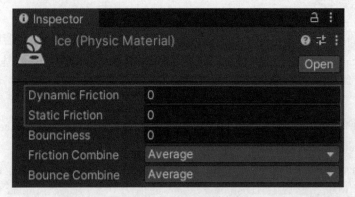

图 2-27 ice 物理材质参数

（5）选择左侧的平面，将 ice 物理材质拖曳到 Mesh Collider 组件中的 Material 处，为平面添加物理材质属性，如图 2-28 所示。

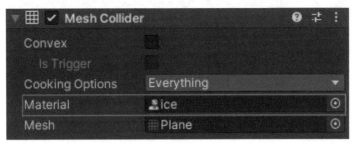

图 2-28 为平面添加冰面物理材质

（6）选择左侧第一个木块，在其 Box Collider 组件中 Material 处为其添加 wood 物理材质，使其呈现木头材质属性，如图 2-29 所示。

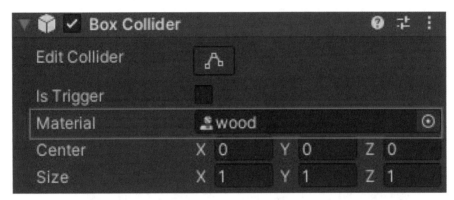

图 2-29 为木块添加 wood 物理材质

（7）同理，为左侧的另外两个木块添加 ice 物理材质，让它们产生冰面效果。运行游戏，发现左侧第一个木块因为是木头材质，具有一定的摩擦力，所以其滑动距离不如另外两个木块远。

（8）为了体现不同材质的属性，新建一个 steal 物理材质，设置其 Dynamic Friction 和 Static Friction 的值均为 0.25，让其产生铁块的效果，并将该物理材质添加给左侧第二个 Cube。

（9）再次新建一个 leather 物理材质，设置其 Dynamic Friction 和 Static Friction 的值均为 1，让其产生橡胶的效果，并将该物理材质添加给左侧第三个 Cube。

（10）运行游戏，发现左侧三个 Cube 虽然都在冰面上滑动，但因为材质不同，导致滑动距离不同。

（11）制作两个弹力效果。新建一个物理材质 bounciness，设置其 Bounciness（弹力）值为 1，如图 2-30 所示。

（12）同理，再次新建一个物理材质，设置其 Bounciness（弹力）值为 0.6。

（13）将弹力值为 1 的物理材质分别添加给右侧的平面和 Cube，将弹力值为 0.6 的物理

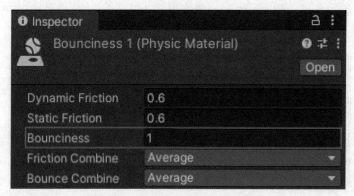

图 2-30　设置弹力物理材质

材质添加给右侧的小球。

（14）运行游戏，右侧的 Cube 由于始终受到最大弹力值的影响，会一直产生上下弹跳的效果，小球则弹跳一会儿后逐渐停下来。

任务 2　使用射线模拟弹力

（1）新建 Unity 项目，创建一个平面 Plane 和一个小球 Sphere，如图 2-31 所示。

使用射线模拟弹力

图 2-31　布置游戏场景

（2）选中小球，在 Inspector 视图中单击 Add Component 按钮，选择 Rigidbody，为其添加刚体组件。

（3）新建 C#脚本 raycast，编写代码如下：

```
using System.Collections;
using System.Collections.Generic;
using UnityEngine;
public class raycast : MonoBehaviour
{
    public float bounce=5.0f;
    void FixedUpdate()
    {
        RaycastHit hit;//声明 hit 变量,存放射线返回信息
```

```
    if(Physics.Raycast (transform.position,Vector3.down,out hit,1.0f))//发射射线
    {
        if(hit.distance<=0.6f)//如果距离小于0.6
        {
            GetComponent<Rigidbody>().AddForce(Vector3.up*bounce,ForceMode.Im-
pulse);//施加一个向上的力
        }
    }
}
```

知识链接

　　射线就是3D世界中的一个点向一个方向发射的一条无终点的线，当它与其他物体发生碰撞时停止发射。发射射线的方法有如下两种：

　　Raycast(Ray ray，RaycastHit hitInfo，float distance，int layerMask)；

　　Raycast(Vector3 origin，Vector3 direction，out RaycastHit hitInfo，float distance，int layerMask)；

　　用如下代码可以将射线绘制出来：

　　Debug. DrawLine(ray. origin，hitInfo. point)；

　　(4) 选中小球，为其添加 raycast 脚本。运行游戏，小球会受到刚体中重力的影响下落，当落到与平面的距离小于0.6时，会受到向上的力弹起，从而产生类似于弹力的效果。

任务3　拾取、变色与移动物体

　　(1) 新建 Unity 项目，布置好如图 2-32 所示的游戏场景。

射线应用（拾取、变色与移动物体）

图 2-32　布置游戏场景

　　(2) 新建三个标签 zhadan、red 和 green，将所有黑色的小球选中，设置其标签为 zhadan，将所有红色 Cube 标签设置为 red，所有绿色 Cube 标签设置为 green。

　　(3) 新建 C#脚本 ray，编写代码如下：

```
using System.Collections;
using System.Collections.Generic;
using UnityEngine;
```

```
public class ray : MonoBehaviour
{
    void Update()
    {
        if( Input.GetMouseButton(0))//判断是否按下了鼠标左键
        {
            Ray ray = Camera.main.ScreenPointToRay( Input.mousePosition);/* 从摄像机
发射一条到鼠标单击点的射线 */
            RaycastHit hit;//记录射线返回的信息
            if (Physics.Raycast (ray,out hit))
            {
                if(hit.collider.gameObject.tag = = "zhadan")//判断是否碰到 zhadan
                {
                    Destroy(hit.collider.gameObject);//销毁物体
                }
                if (hit.collider.gameObject.tag = = "green")//判断是否碰到 green
                {
                    hit.transform.position = hit.point+new Vector3(10,0,0);//移动位置
                }
                if (hit.collider.gameObject.tag = = "red")//判断是否碰到 red
                {
                    hit.collider.gameObject.GetComponent<Renderer>().material.color =
Color.yellow ;//改变颜色为黄色
                }
            }
        }
    }
}
```

（4）选中主摄像机 Main Camera，为其添加 ray 脚本。

（5）运行游戏，当单击黑色球体时，黑色球体会消失；单击红色方块时；红色方块会变成黄色，单击绿色方块时，会让其移动至右侧平面上。

项目总结与评价

本项目主要介绍了 Unity 中物理材质的设置方法，可以通过物理材质让不同质地的物体呈现其真实的物理特性，同时，通过弹力模拟及拾取、变色与移动物体两个案例介绍了射线的用法。希望读者在设计游戏时，要尊重物体本身的自然特性和规律，让其呈现效果更加真实、自然。

射线技术应用评价表

评价内容	评价分值	评价标准	得分	扣分原因
任务 1 使用物理材质	30	1. 场景设计是否完整 2. 物体是否添加了刚体 3. 物理材质参数设置是否正确 4. 是否能给物体正确添加物理材质		

续表

评价内容	评价分值	评价标准	得分	扣分原因
任务 2 使用射线 模拟弹力	30	1. 是否能正确布置场景并添加刚体组件 2. 是否能正确编写脚本 3. 是否理解射线的参数含义 4. 脚本错误是否能够独立修改		
任务 3 拾取、变色与 移动物体	40	1. 是否能够正确布置游戏场景 2. 物体标签设置是否正确 3. 是否能正确编写脚本并理解其含义 4. 是否会修改脚本中的错误		

项目九 关节——关节模拟动画

项目概述

在疫情防控期间，社区工作者们与医护人员、志愿者等各方紧密合作，协调资源，共同做好防控工作，他们为居民提供各种帮助和服务，保障居民的基本生活需求，社区工作者团队精诚合作，成为居民与各方联系的纽带，充分展现了应对事件时合作与协调的重要性，他们就像我们在本项目中要讲到的关节。Unity 中的关节是一种特殊的约束，它可以将两个物体连接在一起，并定义它们之间的相对运动关系。本项目主要介绍物理引擎中常见关节的使用方法，布料效果如图 2-33 所示。

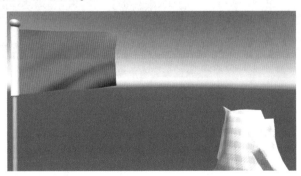

图 2-33 布料效果

项目实现

任务 1 布料

（1）制作布料下落动画。新建 Unity 项目，将给出的 flag. jpg 和 mianma. jpg 文件导入

Assets 文件夹中。利用 Cylinder 拼接出一个圆桌的形状。

（2）在 Hierarchy 视图中单击右键，选择 Create Empty 创建一个空物体，名字为 cloth。在 Inspector 视图中单击 Add Component 按钮，为其添加一个 Cloth 组件。

布料应用

（3）在 Skinned Mesh Renderer 组件中，设置 Mesh 为 Plane（平面），将空物体 cloth 添加到 Root Bone 处，如图 2-34 所示，同时将 mianma.jpg 贴图赋给空物体。

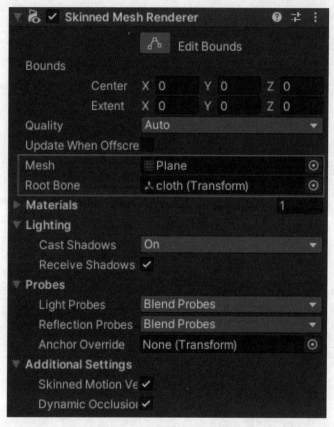

图 2-34　设置蒙皮网格参数

知识链接

　　添加了 Cloth（布料）组件后，物体会自动带有 Skinned Mesh Renderer（蒙皮网格）组件和 Cloth（布料）两个组件。其中，蒙皮网格可以模拟出非常柔软的网格体，不但在布料中充当非常重要的角色，同时还支撑了人形角色的蒙皮功能，运用该组件，可以模拟出与许多皮肤类似的效果。蒙皮网格重要属性解释如下：

● Bounds（Center）：包围盒的中心点坐标，该坐标值基于网格的模型体系，不可修改。

● Bounds（Extent）：包围盒三个方向的长度，不可修改。当网格在屏幕之外时，使用包围盒进行计算。

● Quality：影响任意一个顶点的骨头数量。

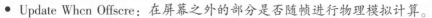

- Update Whcn Offscre：在屏幕之外的部分是否随帧进行物理模拟计算。
- Mesh：渲染器所指定的网格对象。
- Root Bone：根骨头。
- Materials：为该对象指定的材质。
- Cast Shadows：投影方式。
- Receive Shadows：是否接受其他对象对自身进行投射阴影。
- Light Probes：是否使用灯光探头。
- Reflection Probes：反射探头模式。
- Anchor Override：网格锚点，网格对象将跟随锚点移动并进行物理模拟。

（4）运行游戏，布料会穿透桌面一直下落，是因为此时没有为其添加碰撞体。可在 Cloth 组件中展开 Capsule Colliders，将 Size 的值设置为 2，将创建圆桌的两个 Cylinder 添加上，如图 2-35 所示。

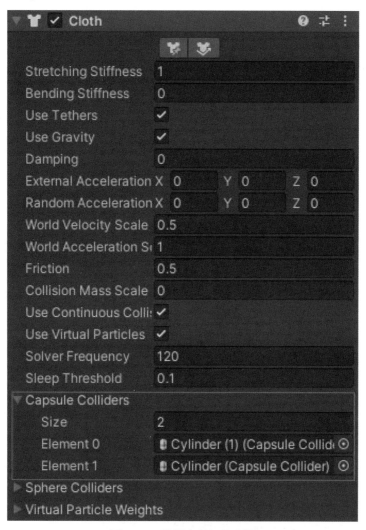

图 2-35　设置布料组件参数

知识链接

任何一个物体，只要挂载了蒙皮网格和布料组件，就拥有了布料的所有功能，能够模拟出布料的效果。布料重要属性解释如下：

- Stretching Stiffness：布料的韧度，即可拉伸程度。
- Bending Stiffness：布料的硬度，即可弯曲程度。
- Use Tethers：是否对布料进行约束，以防止其出现过度不合理的偏移。
- Use Gravity：是否使用重力。
- Dampting：布料的运动阻尼系数。
- External Acceleration：外部加速度，相当于对布料施加一个常量力，模拟随和风扬起的旗帜。
- Random Acceleration：随机加速度，相当于对布料施加一个变量力，模拟随强风鼓起的旗帜。
- World Velocity Scale：世界坐标系下的速度缩放比例。
- World Acceleration Scale：世界坐标系下的加速度缩放比例。
- Friction：布料相对于角色的摩擦力。
- Collision Mass Scale：粒子碰撞时的质量增量。
- Use Continuous Collision：是否使用连续碰撞模式。
- Use Virtual Particles：为每一个三角形附加一个虚拟粒子，以提高其碰撞稳定性。
- Solver Frequency：计算频率。
- Sleep Threshold：休眠阈值。
- Capsule Colliders：可与布料产生碰撞的胶囊碰撞器个数。
- Sphere Colliders：可与布料产生碰撞的球碰撞器个数。
- Virtual Particle Weights：虚拟粒子重量。

（5）运行游戏，如果发现桌面会穿透布料，可以将桌面的碰撞体调整大一些，布料下落的动画就制作完成了。

（6）制作旗帜飘扬动画。创建一个空物体，命名为 flag，为其添加一个 Cloth（布料）组件。

（7）在 Skinned Mesh Renderer 组件中设置 Mesh 为 Plane（平面），将空物体 flag 添加到 Root Bone 处。

（8）调整旗帜的旋转角度和大小，使其正立对着屏幕，将 flag.jpg 图片赋给空物体 flag。

（9）单击 Cloth 组件中的 Edit Cloth Constraints 按钮 ，在 Cloth Constraints 窗口中单击 Select，框选旗帜最左侧的一列点，设置其 Max Distance 为 0，即让最左侧保持不动，如图 2-36 所示。

（10）选择右侧的所有点，设置其 Max Distance 为 100，如图 2-37 所示。

（11）此时运行游戏，旗帜飘动的效果是不正确的，需要在 Cloth 组件中设置其 External Acceleration 和 Random Acceleration 参数，如图 2-38 所示。

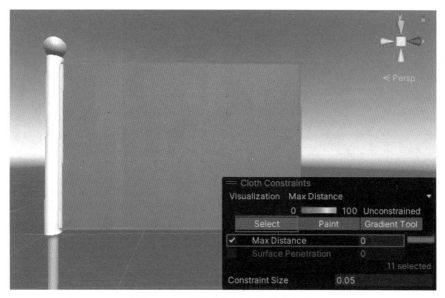

图 2-36　设置最左侧点的约束条件

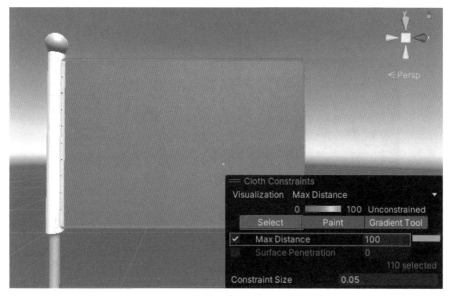

图 2-37　设置右侧点的约束条件

（12）运行游戏，旗帜飘动的动画已经完成，可以在此基础上为其自行添加旗杆等效果。

任务 2　铰链关节

（1）制作开门动画。新建 Unity 项目，将给出的 door.png 素材导入 Assets 文件夹中，利用 Cylinder 和 Cube 制作一个带门轴的门的效果，如图 2-39 所示。

铰链关节

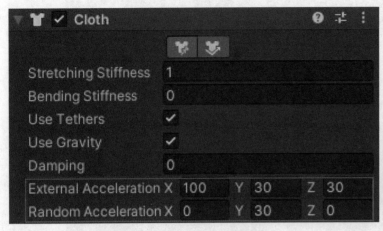

图 2-38　调整 Cloth 组件参数　　　　　　图 2-39　制作门的模型

（2）选中 Cylinder 和 Cube，在 Inspector 视图中单击 Add Component 按钮，选择 Rigid-body，为二者同时添加刚体组件。

（3）勾选 Cylinder 的 Rigidbody 组件中的 Is Kinematic 选项，即取消其动力学选项，让其不受关节影响，如图 2-40 所示。

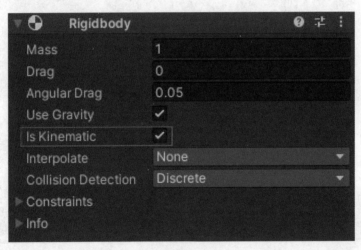

图 2-40　取消 Cylinder 的动力学选项

（4）选中 Cylinder，在 Inspector 视图中单击 Add Component 按钮，为其添加 Hinge Joint（铰链关节）组件。

（5）在 Hinge Joint 组件中，将门 Cube 添加到目标刚体 Connected Body 处，设置 Axis 的 X 值为 0，Y 值为 1，Z 值为 0，即设置其旋转轴，勾选 Use Motor（使用马达），为其设置目标速度 Target Velocity 值为 60，施加力 Force 值为 90，此时，门会绕着门轴一直旋转。勾选 Use Limits，设置其 Min 值为 0，Max 值为 90，即让门最大可以打开到 90 度，如图 2-41 所示。

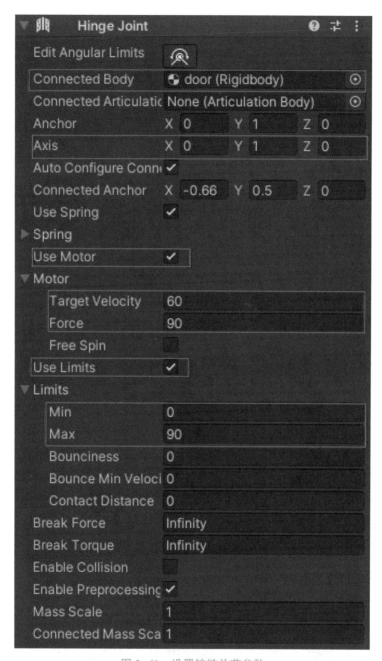

图 2-41　设置铰链关节参数

知识链接

　　Hinge Joint（铰链关节）是用途十分广泛的一种关节，它可以将两个刚体链接在一起并让两者之间产生铰链的效果。铰链关节的常用属性解释如下：

　　Connected Body：目标刚体，指与带有铰链组件的刚体组成铰链组合的目标刚体。

　　Anchor：本体的锚点，目标刚体旋转时围绕的中心点。

Axis：本体和目标刚体旋转时的方向。

Connected Anchor：链接体的锚点，本体旋转时围绕的中心点。

Auto Configure Connected Anchor：勾选该选项，给出本体锚点的坐标，系统会自动给出目标锚点的位置。

Use Sprint：是否是使用弹簧。

Spring：弹簧力，表示维持对象移动到一定位置的力。

Damper：阻尼大小。

Target Position：目标位置，表示弹簧旋转的角度，弹簧负责将该对象拉到这个目标。

Use Motor：是否使用马达。

Target Velocity：目标速度，表示对象试图达到的速度。

Force：达到目标速度的力。

Free Spin：规定了受控对象的旋转是否会被破坏，若启用，马达永远不会破坏旋转，只会加速。

Use Limit：在关节下的旋转是否受限。

Min：刚体旋转所能达到的最小角度。

Max：刚体旋转所能达到的最大角度。

Break Force：给出一个力的限值，当关节受到的力超过此值时，关节会损坏。

Break Torque：给出一个力矩的限值，当关节受到的力矩超过此值时，关节会损坏。

（6）制作弹力效果动画。新建红色和蓝色两个球体，为它们添加 Rigidbody 刚体组件，取消勾选刚体组件中 Use Gravity 选项，即不让小球受重力影响下落，如图 2-42 所示。

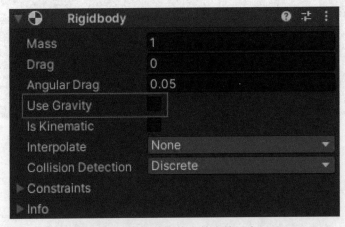

图 2-42　取消刚体组件中的重力

（7）选中蓝色的球体，在 Inspector 视图中单击 Add Component 按钮，为其添加 Hinge Joint 铰链关节组件。

（8）在 Hinge Joint 组件中，设置目标刚体 Connected Body 为红球，Axis 的 X 值为 0，Y 值为 0，Z 值为 1，勾选 Use Spring，设置弹簧力 Sprint 值为 60，阻尼 Damper 值为 20，目标位置 TargetPosition 值为 90，勾选 Use Motor，设置目标速度 Target Velocity 值为 60，施加力 Force 值为 90，如图 2-43 所示。

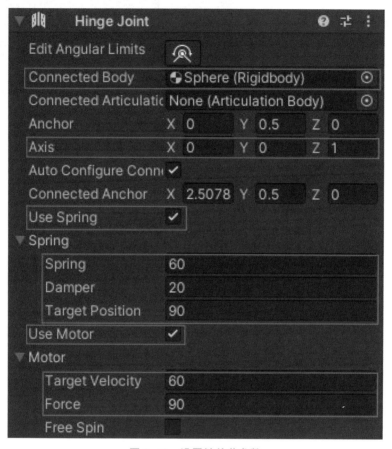

图 2-43　设置链关节参数

（9）运行游戏，两个球体之间以一种弹性链条的形式链接在一起，当一个球体受力时，另一个球体受到弹簧力的影响而产生弹力运动效果。

任务 3　固定关节

（1）新建 Unity 项目，利用 Plane、Cube、Sphere 和 Cylinder 布置如图 2-44 所示的固定关节场景。

固定关节

（2）选中 Cube 和 Sphere，在 Inspector 视图中单击 Add Component 按钮，为其添加 Rigidbody（刚体）组件。

（3）选中 Cube，在 Inspector 视图中单击 Add Component 按钮，为其添加 Fixed Joint（固定关节）组件，并将 Sphere 添加到 Connected Body 处，如图 2-45 所示。

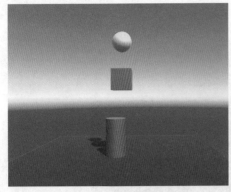

图 2-44　布置固定关节场景

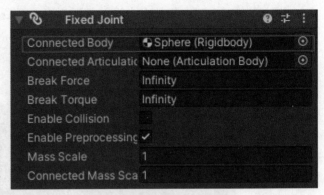

图 2-45　设置固定关节参数

知识链接

　　Fixed Joint（固定关节）经常起到组装的功能，利用固定关节可以拼接刚体，使二者之间的相对位置保持不变。固定关节的常用属性解释如下：

- Connected Body：连接目标刚体对象。
- Break Force：给出一个力的限值，当关节受到的力超过此值时，关节会损坏。
- Break Torque：给出一个力矩的限值，当关节受到的力矩超过此值时，关节会损坏。
- Enable Collision：是否允许碰撞检测。
- Enable Preprocessing：是否允许进行预处理。
- Mass Scale：数值越大，越难拉动。
- Connected Mass Scale：连接的质量比，不能为 0，否则，会直接断开连接，值越大，连接越稳固。

　　（4）运行游戏，Cube 和 Sphere 在下落过程中，虽然因遇到圆柱体而跌落到地面，但因为二者之间有固定关节的作用，所以二者间的相对位置始终不变。

任务 4　弹簧关节

　　（1）新建 Unity 项目，利用 Plane、Cube 和 Sphere 布置如图 2-46 所示的弹簧关节场景。

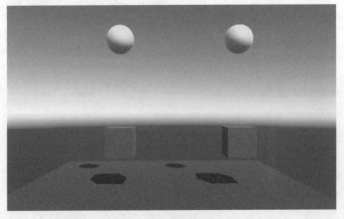

弹簧关节

图 2-46　布置弹簧关节场景

（2）选中 Cube 和 Sphere，在 Inspector 视图中单击 Add Component 按钮，为其添加 Rigidbody（刚体）组件。

（3）选中左侧 Cube，在 Inspector 视图中单击 Add Component 按钮，为其添加 Spring Joint（弹簧关节）组件，并将左侧的 Sphere 添加到 Connected Body 处，如图 2-47 所示。

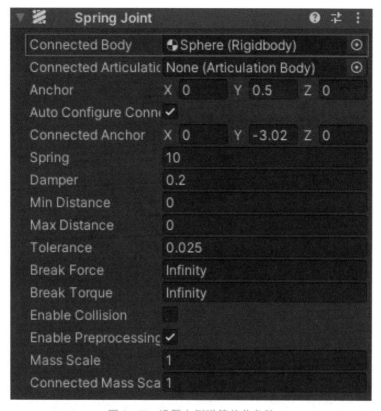

图 2-47　设置左侧弹簧关节参数

知识链接

　　Spring Joint（弹簧关节）将两个刚体连接在一起，使二者之间好像有一个弹簧连接一样。弹簧关节的常用属性解释如下：

- Connected Body：连接目标刚体对象，默认连接到世界空间。
- Anchor：锚点，基于本体的模型坐标系，表示弹簧的一端。
- Auto Configure Connected Anchor：仅给出本体锚点便可自动计算目标锚点。
- Connected Anchor：目标锚点，基于连接目标的模型坐标系，表示弹簧的另一端。
- Spring：弹簧的劲度系数，值越高，弹性效果越强。
- Damper：阻尼，值越高，弹簧的减速效果越明显。
- Min Distance：弹簧两端的最小距离。
- Max Distance：弹簧两端的最大距离。

● Tolerance：当前弹簧长度与 minDistance 和 maxDistance 定义的长度之间允许的最大误差。

● Break Force：破坏弹簧所需的最小力。

● Break Torque：破坏弹簧所需的最小力矩。

● Enable Collision：是否允许碰撞检测。

● Enable Preprocessing：是否允许进行预处理。

（4）选中右侧 Cube，同样为其添加 Spring Joint（弹簧关节）组件，并将右侧的 Sphere 添加到 Connected Body 处，同时调整 Anchor 中的 Y 值，使其锚点在上侧球体位置，设置 Spring 的值为 50，如图 2-48 所示。

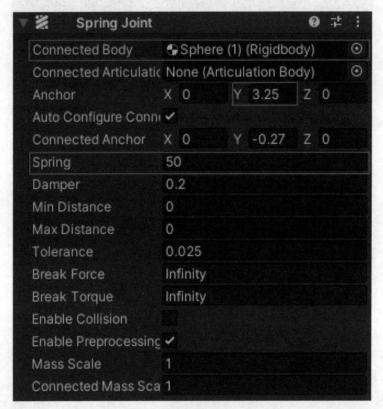

图 2-48　设置右侧弹簧关节参数

（5）运行游戏，两侧弹簧因为受到的力不同而产生了不同的弹簧振动效果。

任务 5　可配置关节

（1）新建 Unity 项目，利用 Cube 和 Sphere 布置如图 2-49 所示的场景。

（2）选中 Cube 和 Sphere，在 Inspector 视图中单击 Add Component 按钮，为其添加 Rigidbody（刚体）组件。

（3）选中 Cube，在 Inspector 视图中单击 Add Component 按钮，为其添加

可配置关节

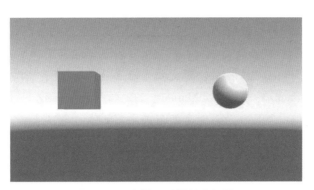

图 2-49 布置可配置关节场景

Configurable Joint（可配置关节）组件，并将 Sphere 添加到 Connected Body 处，设置 X Motion、Y Motion、Z Motion 的值均为 Locked，如图 2-50 所示。

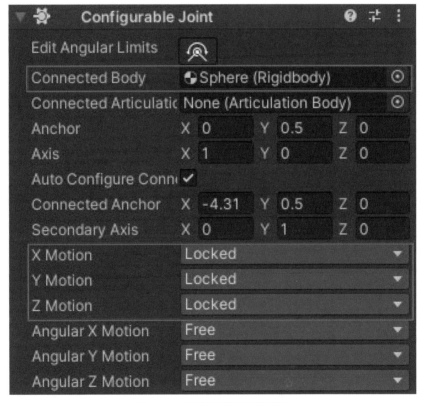

图 2-50 设置可配置关节参数

知识链接

Configurable Joint（可配置关节）是可以定制的，用此组件可以创造出与其他关节类型行为相似的关节。可配置关节的参数比较多，其常用属性解释如下：

- Anchor：关节的中心点。

- Axis：主轴，即局部旋转轴，定义了物理模拟下物体的自然旋转。
- Secondary Axis：副轴，与主轴共同定义了关节的局部坐标系。
- X Motion/Y Motion/Z Motion：限定物体沿 X/Y/Z 轴的平移模式。
- Angular X Motion/Y Motion/Z Motion：限定物体沿 X/Y/Z 轴的旋转模式。
- Linear Limit：以与关节原点距离的形式定义物体的平移限制。
- Low/High Angular X Limit：以与关节原点距离的形式定义物体 X 轴的旋转下限/上限。
- Angular Y Limit：以与关节原点距离的形式定义物体 Y 轴的旋转上限。
- Angular Z Limit：以与关节原点距离的形式定义物体 Z 轴的旋转上限。
- Target Position：关节应该到达的目标位置。
- Target Velocity：关节应该达到的目标速度。
- X/Y/Z Drive：定义关节如何沿 X/Y/Z 轴运动。
- Position Spring：朝着定义方向的弹力。
- Position Damper：朝着定义方向的弹力阻尼。
- Maximum Force：朝着定义方向的最大力。
- Target Rotation：目标角度，定义了关节的旋转目标。
- Target Angular Velocity：表示关节的目标角速度。
- Rotation Drive Mode：旋转驱动模式。
- Angular X Drive：X 轴角驱动，定义了关节如何绕 X 轴旋转，只有当旋转驱动模式为 X&YZ 角驱动时才有效。
- Angular YZ Drive：Y/Z 轴角驱动，定义了关节如何绕 Y/Z 轴旋转，只有当旋转驱动模式为 X&YZ 角驱动时才有效。
- Slerp Drive：插值驱动，定义了关节如何绕所有局部旋转轴旋转，只有当旋转驱动模式为插值时才有效。
- Projection Mode：投影模式，表示当物体离开它受限的位置太远时，让它迅速加到受限位置。
- Projection Distance：投影距离，当物体与连接体的距离差异超过投影距离时，才会迅速回到受限位置。
- Projection Angle：投影角度，当物体与连接体的角度差异超过投影角度时，才会迅速回到受限位置。
- Configure in World Space：若启动此项，则所有与目标相关的计算都会在世界坐标系中进行。

（4）选中 Cube，在其 Rigidbody 组件中展开 Constraints，将 Freeze Position 均选中，如图 2-51 所示，即不允许 Cube 在各个轴向上有位置移动。

（5）运行游戏，小球与立方体之间形成了单摆动画效果。

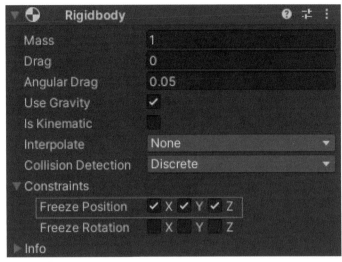

图 2-51　设置 Cube 的刚体组件参数

项目总结与评价

本项目以旗帜飘动、布料下落、开门动画等为例，重点介绍了布料、铰链关节、固定关节、弹簧关节以及可配置关节的用法。通过这些关节，可以约束两个物体之间的相对运动关系，让物体之间的运动更加协调。关节组件的参数比较多，需要在练习中加强理解。

关节模拟动画评价表

评价内容	评价分值	评价标准	得分	扣分原因
任务 1 布料	25	1. 是否能正确布置场景并添加材质 2. 是否正确添加布料组件 3. 布料组件参数设置是否正确 4. 动画效果是否正确		
任务 2 铰链关节	25	1. 是否能正确布置游戏场景 2. 是否正确添加铰链关节 3. 是否实现开门动画效果 4. 是否实现弹性铰链效果		
任务 3 固定关节	20	1. 是否正确布置场景 2. 是否正确添加固定关节 3. 是否正确实现固定关节效果		
任务 4 弹簧关节	15	1. 是否正确布置场景 2. 是否正确添加弹簧关节并设置参数 3. 弹簧关节动画效果是否正确		

续表

评价内容	评价分值	评价标准	得分	扣分原因
任务 5 可配置关节	15	1. 是否正确布置场景 2. 是否正确添加可配置关节 3. 是否正确设置参数 4. 单摆效果是否实现		

模块小结

本模块围绕 Unity 中的物理引擎技术，重点介绍了刚体与力的应用、碰撞体与触发器动画、角色控制器及各游戏视角的实现、物理材质的添加、射线的应用、关节动画的制作。在这部分内容的学习中，关键是要理解物体的物理特性，尊重物体本身的规律，希望读者能够秉持科学、严谨的态度进行游戏设计，让游戏效果更加真实。

课后习题

一、单选题

1. AddForce 函数提供了四种力的模式，如果想要模拟物体因爆炸或碰撞而被震飞的效果，一般用（   ）较好。

A. Force　　　　　　B. Impulse　　　　　　C. Acceleration　　　　D. VelocityChange

2. 如果想为篮球添加一个碰撞器，最适合的应为（   ）。

A. Sphere Collider　　　　　　　　　　B. Box Collider

C. Capsule Collider　　　　　　　　　　D. Terrain Collider

3. 为游戏物体添加碰撞器组件，需要选择 Component 菜单下的（   ）命令。

A. Effects　　　　　　B. Physics　　　　　　C. Navigation　　　　D. UI

4. 在 Unity 引擎中，Collider 所指的是（   ）。

A. Collider 是 Unity 引擎中所支持的一种资源，可用于存储网格信息

B. Collider 是 Unity 引擎中内置的一种组件，可用于对网格进行渲染

C. Collider 是 Unity 引擎中所支持的一种资源，可用于游戏对象的坐标转换

D. Collider 是 Unity 引擎中内置的一种组件，可用于游戏对象之间的碰撞检测

5. 下列函数不属于碰撞事件的是（   ）。

A. OnCollisionEnter　　　　　　　　　　B. OnCollisionExit

C. OnCollisionUpdate　　　　　　　　　　D. OnCollisionStay

6. 采用 Input. mousePosition 来获取鼠标在屏幕上的位置，以下表达正确的是（   ）。

A. 左上角为原点（0，0），右下角为（Screen. Width，Screen. Height）

B. 左下角为原点（0，0），右下角为（Screen. Height，Screen. Width）

C. 左下角为原点（0，0），右上角为（Screen. Width，Screen. Height）

D. 左上角为原点（0，0），右下角为（Screen. Height，Screen. Width）

7. 如果想为冰箱添加一个碰撞器，最适合的应为（　　　）。

A. Sphere Collider　　　　　　　　　　　B. Box Collider

C. Capsule Collider　　　　　　　　　　　D. Terrain Collider

二、多选题

1. 若想制作门绕门轴展开的效果，可以使用（　　　）。

A. 铰链关节 Hinge Joint　　　　　　　　B. 固定关节 Fixed Joint

C. 弹簧关节 Spring Joint　　　　　　　　D. 可配置关节 Configurable Joint

2. 角色在使用角色控制器后，可以通过（　　　）函数来控制运动。

A. AddForce　　　　　B. Move　　　　　C. AddExplosionForce　　D. SimpleMove

3. 发射射线的方法 Raycast 中，可能用到的参数有（　　　）。

A. 射线起点 Origin　　　　　　　　　　　B. 射线方向 direction

C. 射线长度 maxDistance　　　　　　　　D. 碰到物体的相关信息 hitInfo

三、判断题

1. 如果选中刚体的 Use Gravity 属性，可以模拟现实世界中的自由落体状态。　（　　　）

2. 游戏中死去的 NPC 一般会取消勾选刚体的 Is Kinematic 参数，以减少物理计算。（　　　）

3. 触发器不是组件，只是碰撞体的一个属性。　　　　　　　　　　　　　　　（　　　）

4. 制作篮球落到地板上时会弹起，铅球落到沙堆中不会弹起的效果需要用到物理材质。

（　　　）

四、简答题

1. Unity 中碰撞器和触发器的区别是什么？

2. 物体发生碰撞的必要条件。

3. CharacterController 和 Rigidbody 的区别是什么？

4. 物体发生碰撞时，有几个阶段？对应的函数分别是什么？

5. 在 Unity 中，有几种施加力的方式？描述出来。

6. 什么叫作铰链关节？

7. AddForce（）中的 ForceMoe 参数中，四种力的模式 Acceleration、Force、Impulse 和 VelocityChange 有什么区别？

8. 射线检测碰撞物的原理是什么？

9. Material 和 Physic Material 的区别是什么？

五、操作题

1. 编写脚本，实现每单击一次鼠标发射一颗子弹效果。

2. 模仿小鸟飞行动画，使按空格键小鸟向上飞起，松手下落，若飞行中碰到障碍物，则游戏结束。

3. 制作发射子弹击毁物体的动画。

4. 利用关节模拟机械爪子的效果。

应用篇

模块三

制作游戏界面与动画特效

 模块内容导读 >>>

　　游戏交互界面承担着玩家与玩家、玩家与计算机系统进行信息传递与交换的任务，指引玩家操控游戏内容，了解游戏中不同情节的功能和状态。一款好的游戏必定界面设计美观，特效真实生动，能够帮助游戏场景表达独特的历史、文化等世界观，让用户能够便捷使用游戏的各种功能，提升人机交互体验。本模块着重介绍游戏界面与动画特效设计相关的技能应用。

学习目标

（1）能够正确应用 UGUI 控件设计游戏界面并实现交互

（2）能够正确应用动画系统进行游戏动画制作

（3）能够正确应用地形引擎设计游戏场景

（4）能够为游戏添加声音及光影特效

（5）能够运用粒子系统制作常见的烟、火等特效

（6）能够制作导航寻路动画

（7）能够实现背包系统功能

素养目标

（1）培养审美能力和艺术鉴赏能力，提高美学素养

（2）遵守行业设计规范，树立社会责任意识和道德观念

（3）关注用户需求和感受，树立同理心和服务意识

（4）鼓励创新思维，提高创造力和创新意识

项目十 UGUI 系统——《迷宫寻宝》游戏界面设计

项目概述

近年来，游戏行业发展迅猛，一款界面设计精美的游戏往往会吸引更多的玩家，这就需要用到 UGUI 系统，即图形用户界面。游戏界面设计必须遵守相关的规定或法规，比如，图标设计、色彩搭配、排版布局等都要遵循统一的视觉规范，游戏内容必须符合社会道德规范，操作方面需要符合用户的操作习惯，同时，游戏界面设计也要根据用户的需求和体验进行优化和创新，以提高游戏的竞争力。本项目以《迷宫寻宝》游戏界面设计为例来学习 UGUI 系统的使用方法，完成的效果如图 3-1 所示。

图 3-1　《迷宫寻宝》游戏界面设计效果图

项目实现

任务1　游戏开始场景制作

（1）导入素材资源。新建 Unity 项目，将给出的 Fonts、UITexture 文件夹以及 GameBG.jpg 素材资源复制，在 Unity 中 Project 视图下的 Scenes 文件夹上单击右键，选择 Show in Explorer，如图 3-2 所示。在打开的资源管理器中粘贴，即可将用到的素材复制到 Assets 文件夹中。为了便于管理，可将 Game-BG.jpg 文件拖曳到 UITexture 文件夹中。

游戏场景制作

（2）新建场景。选择 File 菜单下的 New Scene 命令，单击 Create 按钮，新建一个基本 3D 场景。再次单击 File 菜单，选择 Save 命令，在弹出的窗口中选择 Scenes 文件夹，将当前场景保存为 gameScene。

（3）在 Hierarchy 视图中单击右键，选择 UI 中的 Image，新建一个图片控件，如图 3-3 所示。

（4）选中 Image，在 Inspector 视图中设置其 Pos X 为 0，Pos Y 为 -4，Pos Z 为 0，Width 为 900，Height 为 450，使图片相对大一些并显示在画布中央位置，如图 3-4 所示。

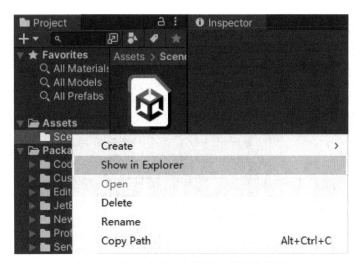

图 3-2　打开文件在资源管理器中的位置

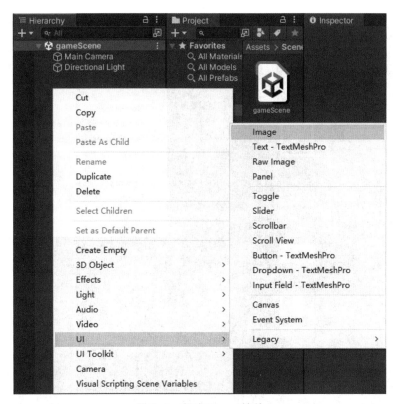

图 3-3　新建 Image 控件

知识链接

　　Image（图片）控件用来显示图片。当创建一个 Image 时，若场景中没有 Canvas（画布），则会自动创建一个 Canvas，并且让 Image 显示在其下面。Canvas（画布）则是所有 UI 控件的载体，我们创建的所有 UI 都会作为 Canvas 的子物体存在。

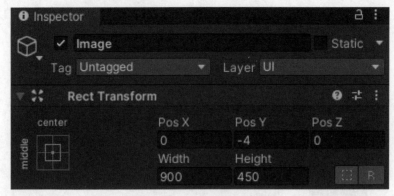

图 3-4　设置 Image 尺寸

（5）选择 UITexture 文件夹中的 GameBg 背景图片，在 Inspector 视图中选择 Texture Type 下的 Sprite（2D and UI），然后单击 Apply 按钮，将图片转换为精灵图片，如图 3-5 所示。

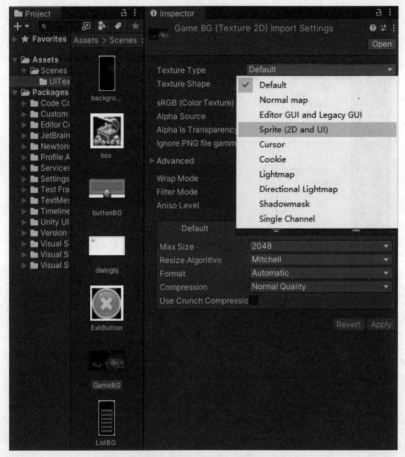

图 3-5　设置精灵图片

（6）选择 Image，在 Inspector 视图中将 GameBG 图片拖曳到 Source Image 处，如图 3-6 所示，此时可发现场景窗口中的 Image 已经显示出了背景图片。

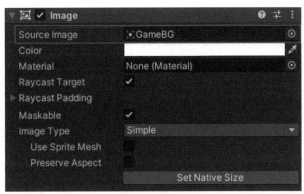

图 3-6　为 Source Image 添加背景图片

（7）制作对话框背景。在 Canvas 画布上单击右键，再次新建一个 Image，将其命名为 Image1。在 Inspector 视图中设置其 Width 为 300，Height 为 140，将 UITexture 中的 dialogbj 图片设置为精灵图片，添加到 Source Image 处。对话框背景设置完成，如图 3-7 所示。

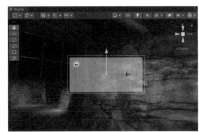

图 3-7　制作对话框背景

（8）在 Canvas 上单击右键，选择 UI，在弹出的子菜单下选择 Legacy 中的 Text，新建一个文本，如图 3-8 所示。

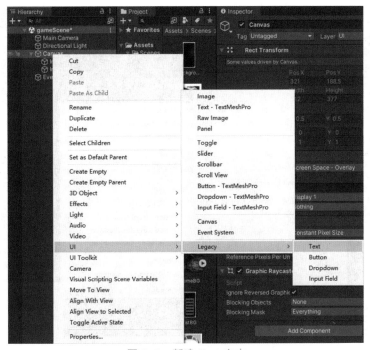

图 3-8　新建 Text 文本

（9）选择 Text，在 Inspector 视图中设置 Text 属性为"欢迎您来到亚斯星球！"，即文本中要显示的文字，然后设置字号 Font Size 为 16，如图 3-9 所示。

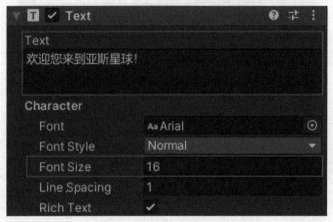

图 3-9　设置 Text 文本属性

知识链接

　　Text（文本）控件用来显示文字，在 Inspector 视图中可以设置其字体、字号、颜色等属性。虽然在开发时大多数界面需要显示的文字都会用图片来代替，但在只需要简单介绍文字或文本内容变化比较频繁的时候，用 Text 显示文字会更加便捷。

（10）在 Canvas 上单击右键，选择 UI，在弹出的子菜单下选择 Legacy 中的 Button，新建一个按钮，如图 3-10 所示，并在 Scene 窗口中调整按钮的位置。

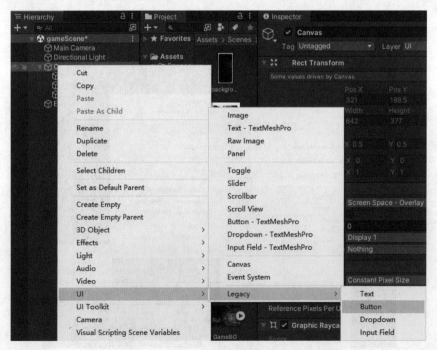

图 3-10　新建按钮

（11）选择 Button 中自带的 Text，设置其 Text 属性为"继续"，Font 属性为"方正少儿_GBK"字体，Color 属性为白色，如图 3-11 所示。

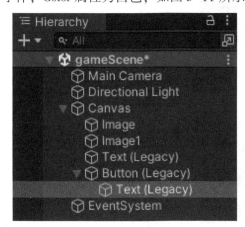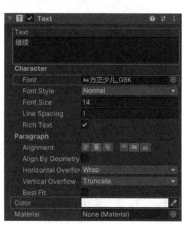

图 3-11 设置 Button 按钮的 Text 属性

（12）设置按钮的背景。选择 UITexture 中的 buttonBG 图片，设置为精灵图片，并将其添加到 Button 的 Source Image 处，同时调整 Button 的 Width 为 120，Height 为 40，如图 3-12 所示。

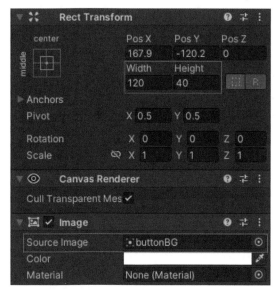

图 3-12 设置按钮的背景

知识链接

Button（按钮）控件常常用来交互，用于响应用户的确定、退出等单击操作，该控件是一个复合型控件，由 Image 和 Text 两个控件组成。

（13）在 Project 视图中 Assets 下单击右键，选择 Create 下的 Folder，新建一个文件夹，并将其命名为 Script。双击进入文件夹中，再次单击右键，选择 Create 下的 C# Script，创建一个 C# 脚本文件 UIEvent，如图 3-13 所示。

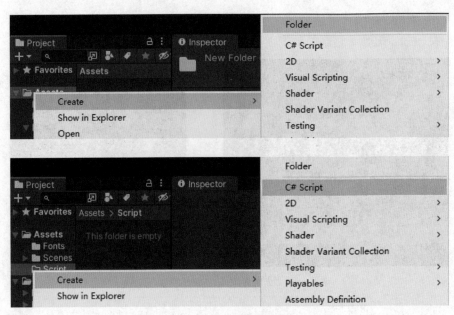

图 3-13　新建脚本文件

（14）双击打开 UIEvent 脚本文件，为其添加如下代码：

```
using System.Collections;
using System.Collections.Generic;
using UnityEngine;
using UnityEngine.UI;//引入UI命名空间

public class UIEvent : MonoBehaviour
{
    public Image image;
    public Text text;
    public void ChangeText()
    {
        text.text="快来开启你的寻宝之旅吧!";//更改单击时的文字
        text.color=Color.white;//更改单击时文字的颜色
    }
    public void ChangeImage()
    {
        image.color=Color.black;//更改单击时背景图片的颜色
    }
}
```

知识链接

　　在使用 UI 控件时，脚本的命名空间必须加入 using UnityEngine.UI; 这样的命名空间引用。在编辑完脚本后，需要将脚本文件保存。

（15）在 Hierarchy 视图空白位置单击鼠标右键，选择 Create Empty 命令，创建一个空物体，如图 3-14 所示，将其命名为 UIController。将刚创建的 UIEvent 脚本拖曳到 UICtontroller

空物体上，即可为空物体添加脚本。

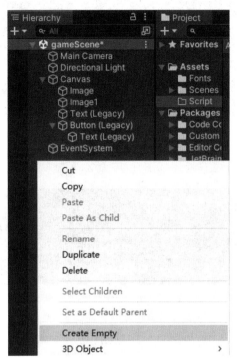

图 3-14　创建空物体

（16）在 Hierarchy 视图中单击选中 Button，在 Button 的 Inspector 视图中找到 On Click┊┊，单击右下角的 ＋ 按钮，将 UIController 游戏物体拖曳到 None (Object) ⊙ 位置，并在右侧的 No Function ▼ 处选择 UIEvent 下面的 ChangeImage() 方法，如图 3-15 所示。

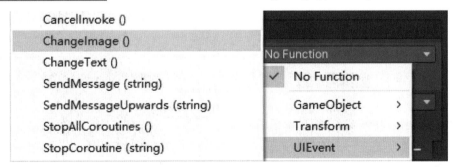

图 3-15　为按钮添加方法

（17）用同样的方法为按钮再次添加 ChangeText() 方法，添加完成的效果如图 3-16 所示。

（18）选择 UIController，在 Inspector 视图中，将对应的游戏物体 Image1 和 Text 文本添

图 3-16　为 Button 按钮添加方法

加到 UI Event（Script）对应位置处，如图 3-17 所示。

图 3-17　添加对应的游戏物体

（19）选择画布 Canvas，在 Inspector 视图 Canvas Scaler 中，将 UI Scale Mode 设置为 Scale With Screen Size，让其随着屏幕大小自动缩放，如图 3-18 所示。

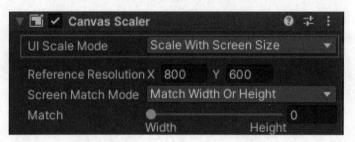

图 3-18　设置画布随着屏幕大小自动缩放

知识链接

　　Canvas Scaler（画布缩放器）组件可以控制画布的整体比例和 UI 元素的像素密度，其参数的改变会影响画布下所有内容的显示效果。其 UI Scale Mode（UI 缩放模式）共有三种：

　　● Constant Pixel Size（恒定像素大小）：无论屏幕大小如何，UI 都保持相同的像素大小。

　　● Scale With Screen Size（随着屏幕缩放）：UI 的大小会随着屏幕尺寸的缩放而改变。

　　● Constant Physical Size（恒定物理大小）：无论屏幕大小如何，UI 都保持相同的物理大小。

（20）选择 File 菜单下的 Save 命令，保存当前场景。运行游戏，画面如图 3-19（a）所示。当单击继续按钮时，画面如图 3-19（b）所示。至此，游戏开始场景制作完成。

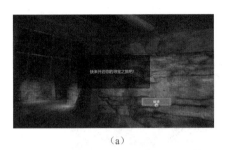
（a）

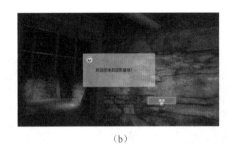
（b）

图 3-19　游戏开始场景运行界面

任务 2　菜单界面制作

（1）在 Assets 下的 Scenes 文件夹下找到 SampleScene 场景并双击，打开该场景。

（2）制作主菜单界面。新建一个 Image，在 Inspector 视图中设置其 Width 为 900，Height 为 450，Pos X 为 0，Pos Y 为 0，Pos Z 为 0，将 Canvas 画面的 UI Scale Mode 设置为 Scale With Screen Size，将背景图片 GameBG 添加到 Image 的 Source Image 处，如图 3-20 所示。

图 3-20　背景图片及画布的参数设置

（3）再次新建一个 Image，将其命名为 mainpage，设置其 Width 为 250，Height 为 350，将 background 图片设置为精灵图片后，添加到 Source Image 处，主菜单的背景设置完成，如图 3-21 所示。

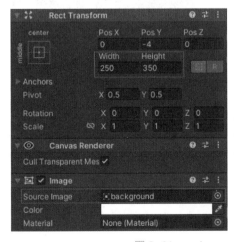
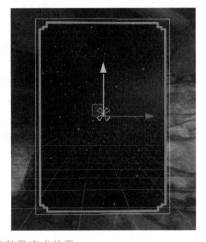

图 3-21　mainpage 的参数及完成效果

（4）在 mainpage 下新建其子物体 Image，并命名为 box。用与前面相同的方法为其添加宝箱图片背景，并将宝箱放置在合适的位置。主菜单界面的"8 开始游戏""游戏设置""排行榜""退出游戏"均为按钮 Button，可用前面介绍的制作按钮的方法进行制作，制作完成的界面效果如图 3-22 所示。

 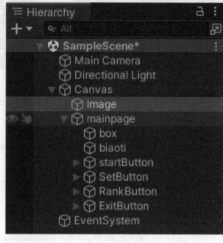

开始与退出游戏

图 3-22　主菜单界面效果

（5）游戏设置界面的制作与主菜单同理，可以按照同样的方法进行制作，完成的界面效果如图 3-23 所示。

图 3-23　游戏设置界面效果

（6）使用同样的方法制作排行榜界面，效果如图 3-24 所示。

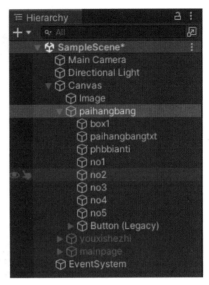

图 3-24　排行榜界面效果

知识链接

　　在进行各个菜单界面设置时，会遇到菜单之间的遮挡问题，影响制作，解决方法是在 Inspector 视图中将对应的游戏对象前面的对号取消，即可将该对象隐藏。例如，将排行榜界面隐藏的效果如图 3-25 所示。

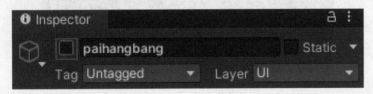

图 3-25　隐藏对象

　　（7）制作角色设置界面。这里主要介绍角色设置界面中前面未接触到的 UI 控件。首先制作姓名输入框。在 jueseshezhi 下单击右键，选择 UI 下的 Legacy，新建子物体 Input Field，如图 3-26 所示。在 Inspector 视图中设置其 Width 为 80，Height 为 25，调整其至合适位置。

角色设置界面制作

　　（8）展开 Input Field，选择 Placeholder，在 Inspector 下的 Text 处将输入的文本删除，将 Font Size 即字号大小设置为 10，如图 3-27 所示。

知识链接

　　Input Field（输入框）控件主要用于输入文本，该控件是一个复合控件，由 Image 和 Text 组成，可以通过属性设置输入文本的显示效果。

　　（9）展开 Input Field，选择 Text（Legacy），将其字号 Font Size 设置为 10，颜色 Color 设置为黑色，如图 3-28 所示，此时运行游戏，可发现姓名输入框设置完成。

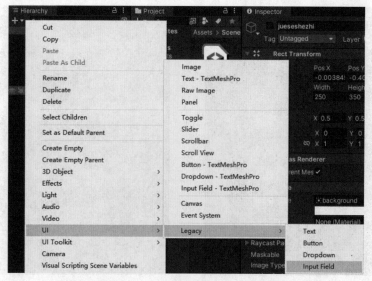

图 3-26　新建子物体 Input Field

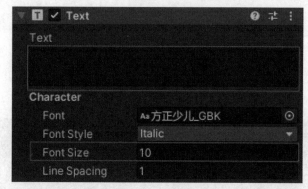

图 3-27　设置 Input Field 中的 Placeholder 属性

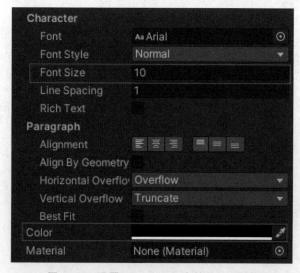

图 3-28　设置 Input Field 中的 Text 属性

（10）制作性别选项。在 jueseshezhi 下单击右键，选择 UI 下的 Legacy，新建子物体 Dropdown，如图 3-29 所示。在 Inspector 视图中设置其 Width 为 80，Height 为 25，调整其至合适位置。

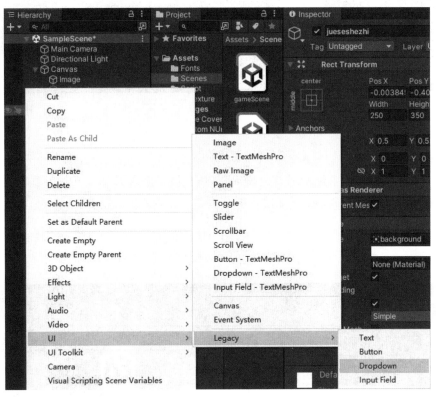

图 3-29 新建 Dropdown

知识链接

Dropdown（下拉列表）控件让用户在列出的列表中选择一个选项，该控件是一个复合控件，由 Toggle（切换开关）、Scroll Rect（滚动矩形）和 Scrollbar（滚动条）嵌套组合而成。

（11）选择 Dropdown，在 Inspector 视图中找到 Options，此处是设置下拉列表选项内容的位置，可以将两个选项分别设置为男和女，多余的选项删除，如图 3-30 所示。

图 3-30 设置下拉列表选项

（12）展开 Dropdown，将 Label 属性中的字号 Font Size 设置为 10，展开下面隐藏的 Template，找到 Item Label，将其中的字号属性也设置为 10，如图 3-31 所示。

图 3-31　设置 Dropdown 的文字显示效果

知识链接

　　Dropdown（下拉列表）控件中，Label 属性中的字号设置的是下拉列表文本框中显示文字的字号，而 Item Label 设置的是下拉菜单中显示文字的字号。

（13）在 jueseshezhi 下单击右键，选择 UI 下的 Scroll View，如图 3-32 所示。在 Inspector 视图中设置其 Width 为 200，Height 为 80，调整其至合适位置。

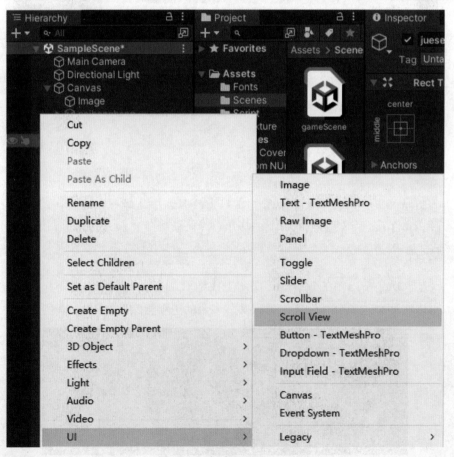

图 3-32　新建 Scroll View

知识链接

　　Scroll View（滚动视图）控件用来在一定区域内显示大量的内容，如果内容过长，可以通过滚动条的滚动来显示所有内容。该控件主要由 Scrollbar（滚动条）、Scroll Rect（滚动矩形）和 Mask（遮罩）组成。

　　（14）新建一个 Text 文本，命名为 xinggejieshaotxt，把用于在滚动视图中显示的文字输入 Text 组件的 Text 属性中，文字内容为"亚斯星的公主，家中排行第三，天之宠儿，胆小却又叛逆。喜欢结交朋友，天生喜欢探险，愿意收集各种各样稀奇的宝物，有着一颗正直善良的心。"设置 Text 的字体 Font 为"方正少儿_GBK"，字号 Font Size 为 14，颜色 Color 为白色，行间距 Line Spacing 为 1.5。为了让文字完全显示，需要调整文字的高度 Height 为 150 左右，同时，需要将 Text 设置为 Scroll View 下 Viewport 下 Content 的子物体，如图 3-33 所示。

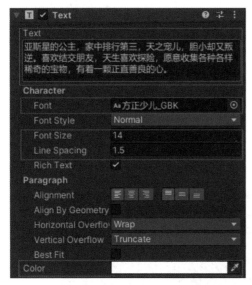

图 3-33　设置 Scroll View 的文字显示内容

知识链接

　　如果播放时文字的内容显示不完整，需要将 Content 的 Height 值设置为与 Text 的高度一致。

　　（15）制作音乐设置界面。首先用前面介绍过的方法将音乐设置界面的基础部分布置完成，然后制作背景音乐下面的开关选项。在 yinyueshezhi 下单击右键，新建 UI 下的 Toggle，如图 3-34 所示。

音乐设置界面

知识链接

　　Toggle（复选框）控件用于设置选框的打开或关闭。该控件是一个复合控件，由 Image 和 Text 控件组成。

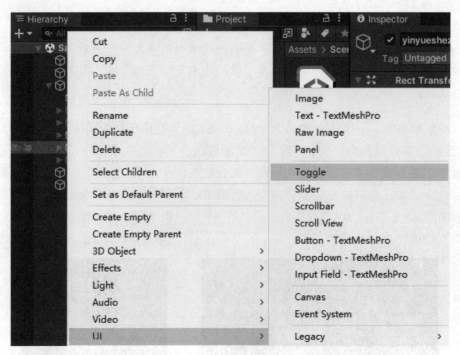

图 3-34　新建 Toggle

（16）展开 Toggle，选中其子物体 Label，设置其 Text 属性为"开"，Font 为"方正少儿_GBK"，Color 为白色，如图 3-35 所示。

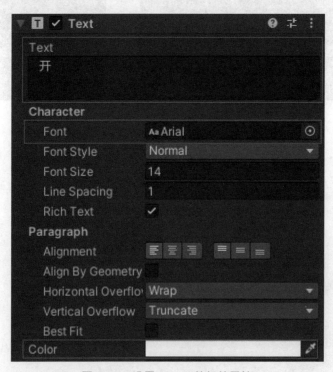

图 3-35　设置 Toggle 的标签属性

（17）将 Toggle 复制，更改位置及 label 标签的 Text 属性为"关"。

（18）新建一个空物体 toggleControl，在 Inspector 视图中单击 Add Component，为其添加一个 Toggle Group 组件，如图 3-36 所示。

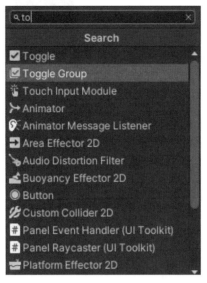

图 3-36　添加 Toggle Group 组件

（19）将两个 Toggle 选中，拖曳到 toggleControl 上，使其成为 toggleControl 的子物体，然后将 toggleControl 拖曳到两个 Toggle 的 Group 属性处，如图 3-37 所示，此时，开和关按钮就变成了二选一的状态。

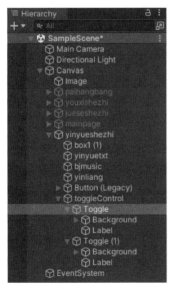
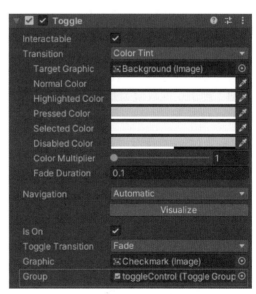

图 3-37　设置 Toggle 复选框的单选属性

（20）制作音量滑块。在 yinyueshezhi 下单击右键，新建 UI 下的 Slider，如图 3-38 所示。设置其 Width 为 120，调整其至适合的位置。

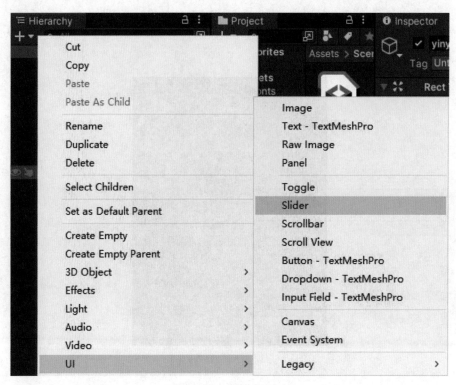

图 3-38　新建 Slider

　　Slider（滑块）控件用于拖动鼠标选择数值，常用于音量的调整、游戏难度设置等。该控件由多个 Image 控件组成，是一个复合型控件。

　　（21）选中 Slider，设置其 Normal Color 属性为黄色，Max Value 值为 100，选中 Whole Numbers 选项，使滑块的数值为整数，如图 3-39 所示。

　　（22）新建一个 Text，命名为 slidertxt，调整一下它的显示位置在 Slider 右侧，更改其 Text 属性为 0%，Color 属性为白色。至此，音乐设置界面布置完成，如图 3-40 所示。

任务 3　实现菜单交互

　　（1）实现各界面按钮间的跳转。将 mainpage 移动到所有游戏物体的最下方，并在 Inspector 视图中将其显示出来，将其他界面隐藏。

　　（2）找到游戏设置按钮，在 Inspector 视图中的 On Click‖ 处单击右下角的 ➕ 按钮，将 youxishezhi 游戏物体拖曳到 None (Object) ⊙ 位置，并在右侧的 No Function ▼ 处选择 GameObject 下面的 SetActive( ) 方法，将

实现菜单交互

其勾选，同时将其他的如排行榜、角色设置、音乐设置及主页均隐藏，即设置 SetActive 为 false。设置完成的效果如图 3-41 所示。

（3）用同样的方法为其他所有按钮设置跳转效果。

（4）实现开始与退出游戏功能以及音量控制的交互效果。新建一个空游戏物体 game-Controller，在 Scripte 下新建脚本 gameUIEvent，为其添加如下代码。

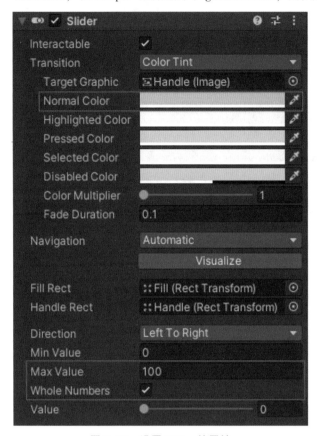

图 3-39　设置 Slider 的属性　　　　　　　　　图 3-40　音乐设置界面

图 3-41　游戏设置按钮跳转功能实现

```
using UnityEngine.UI;
using UnityEngine.SceneManagement;

public class gameUIEvent : MonoBehaviour
{
    public Button startButton;
    public Button exitButton;
    public Toggle toggle1;
    public Slider slider;
    public Text text1;

  public void OnStartGameButtonPressed( )//设置开始按钮的场景跳转功能
    {
        SceneManager.LoadScene("gameScene");//双引号中的是要跳转到场景的名称
    }
  public void OnExitGameButtonPressed( )//设置退出按钮的功能
    {
        Application.Quit( );//实现退出游戏功能
    }
  public void OnToggleChanged1( )//音乐设置界面开或关时 Slider 滑块是否可用
    {
        if(toggle1.isOn)
            slider.interactable=true;//当开关打开时,Slider 滑块可用
        else
            slider.interactable=false;//当开关关闭时,Slider 滑块不可用
    }
  public void OnSliderValueChanged( )//设置 Slider 滑块拖动时文本的显示数值
    {
        text1.text=slider.value.ToString ( )+"% ";
    }
}
```

知识链接

　　要想实现场景的跳转，必须添加 using UnityEngine.SceneManagement；命名空间的引用。

（5）将 gameUIEvent 脚本添加给 gameController 物体，并在 Inspector 视图中将对应的游戏物体添加进来，如图 3-42 所示。

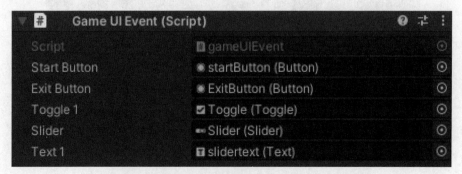

图 3-42　为 gameUIEvent 添加对应的游戏物体

（6）单击 File 菜单下的 Build Settings 命令，在弹出的窗口中，将 SampleScene 和 game Scene 两个场景添加到 Scenes In Build 中。测试场景，可发现单击开始游戏按钮能够跳转到最开始创建的 gameScene 场景，从而实现场景的跳转。至此，游戏界面设计制作完成。

知识链接

退出游戏按钮，需要在发布后进行测试，当单击退出游戏按钮后，能够将当前运行的游戏退出。

项目总结与评价

本项目以《迷宫寻宝》游戏界面设计为例，讲解了制作游戏界面所需要的 Canvas、Image、Button、Text、Imput Field、DropDown、ScollView、Toggle、Slider 等游戏物体的创建和使用方法，并介绍了运用这些游戏物体快速布置游戏界面的技巧、菜单按钮之间交互功能的实现方法以及游戏测试和发布的方法。希望读者在设计游戏界面的同时，能够关注用户的需求和体验，遵循行业开发标准和视觉规范，提高游戏的竞争力。

《迷宫寻宝》游戏界面设计评价表

评价内容	评价分值	评价标准	得分	扣分原因
任务 1 游戏开始场景制作	30	1. 场景设计是否完整 2. 内容是否美观 3. 是否正确编写脚本 4. 按钮单击事件添加是否正确		
任务 2 菜单界面制作	30	1. 各菜单界面制作是否完整 2. 整体效果是否美观、符合标准 3. 菜单界面内容能否正常显示 4. 菜单界面是否随着屏幕大小缩放		
任务 3 实现菜单交互	40	1. 界面按钮间跳转实现是否正确 2. 开始与退出游戏功能实现是否正确 3. 音量控制交互实现是否正确 4. 运行时是否先显示主菜单界面 5. 游戏发布是否正确		

项目十一 **动画系统——游戏动画制作**

项目概述

　　游戏在开始时，往往会播放一段动画用于介绍游戏的背景，当剧情发展到某一阶段，需要加载下一场景时，经常会出现一段自动播放的动画，避免玩家枯燥的等待；角色在游戏中会有跑跳等各种丰富的动作表现，这都依赖于 Unity 优秀的动画系统。利用动画系统可以节约创作时间和资源，精美的动画设计可以增强游戏的趣味性，提高用户体验，这些都需要设计师既具备一定的技术能力，又要有艺术创意，同时，更有责任确保游戏内容的健康和有益，这是身为设计师社会责任的体现。本项目将接触 Unity 动画系统中的 Animation 剪辑动画、Timeline 动画、Animator 动画以及 Blend Tree 动画。部分动画完成的效果如图 3-43 所示。

图 3-43　部分游戏动画效果图

项目实现

任务 1 **Animation 剪辑动画**

　　（1）导入素材资源。新建 Unity 项目，在 Unity 中 Project 视图中的 Assets 文件夹上单击右键，选择 Import New Asset 命令，如图 3-44 所示。在打开的窗口中选择素材中的 catus2.fbx 文件，单击 Import 按钮，将用到的模型文件导入 Unity 中。

Animation 动画

知识链接

　　导入模型除了利用 Import New Asset 命令外，也可以利用上一项目讲到的将资源复制到 Assets 文件夹中的方法进行操作。如果一个项目中的模型资源比较多，则可以在 Assets 文件夹下面建立 Model 模型文件夹进行资源管理。

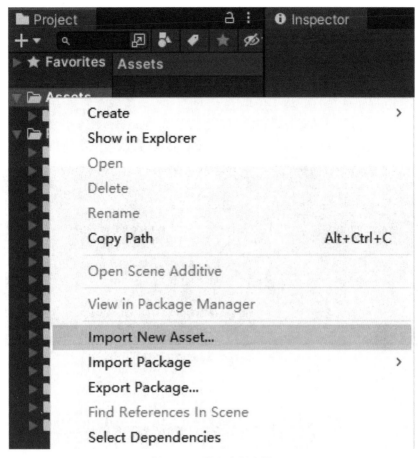

图 3-44 导入素材资源

（2）布置场景。将导入的 catus2. fbx 模型拖曳到场景中，新建一个 Cube，为 Cube 添加任意颜色的材质，调整好二者的位置关系及大小，如图 3-45 所示。

图 3-45 场景中模型的摆放位置

（3）添加 Animation 组件。选中 Cube，在 Inspector 视图最下面单击 Add Component 命令，在弹出的菜单中选择 Animation，为 Cube 添加一个 Animation 组件。然后选择 Window 菜单下的 Animation，在子菜单中选择 Animation，弹出如图 3-46 所示的窗口。

图 3-46　打开 Animation 窗口

（4）创建 Animation 动画。单击 Create 按钮，在弹出的 Create New Animation 窗口中新建一个 Animation 文件夹并打开，输入动画的名字 cubemove，单击保存按钮，此时创建的 Animation 动画窗口如图 3-47 所示。

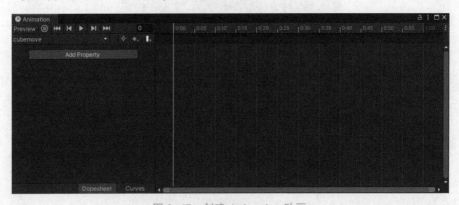

图 3-47　创建 Animation 动画

（5）单击 Add Property 按钮，选择 Transform 下面的 Position 属性，单击后面的加号，如图 3-48 所示。

图 3-48 添加 Position 属性

（6）删除第 1 秒处的关键帧，将时间定位在第 3 秒处，设置 Position. x 的值为 15，如图 3-49 所示。

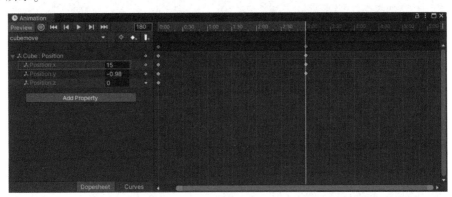

图 3-49 设置 Cube 在第 3 秒的位置

知识链接

Animation 窗口可以用鼠标中键进行缩放显示。

（7）同理，将时间定位在第 6 秒处，设置 Position. x 的值为 0，即让 Cube 回到原来的位置，如图 3-50 所示。此时预览动画，可以发现 Cube 实现了左右往复移动的动画。

（8）制作 Cube 旋转动画。单击 cubemove，从弹出的下拉菜单中选择 Create New Clip 命令，创建一个新的影片剪辑 cuberotate，如图 3-51 所示。

（9）单击 Add Property 按钮，选择 Transform 下面的 Rotation 属性，单击后面的加号，如图 3-52 所示。

（10）删除第 1 秒处的关键帧，在第 6 秒处单击 Add Keyframe 按钮，添加关键帧，如图 3-53 所示，即设置第 6 秒处 Rotation. y 的值为 0。

（11）在第 3 秒的位置设置 Rotation. y 的值为 360，如图 3-54 所示，即设置第 3 秒时

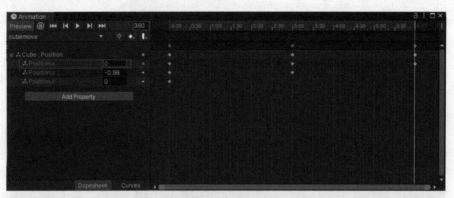

图 3-50　设置 Cube 在第 6 秒的位置

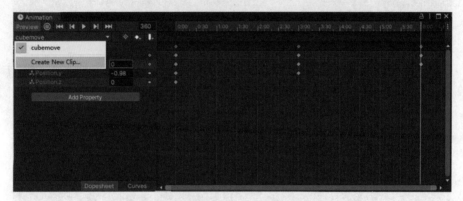

图 3-51　创建影片剪辑 cuberotate

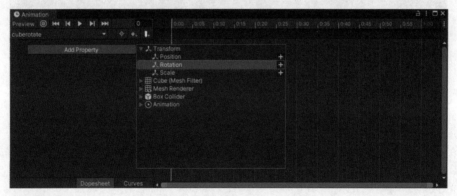

图 3-52　添加 Rotation 属性

Cube 绕 Y 轴旋转一圈。此时预览动画，发现 Cube 旋转的往复动画就制作完成了。

　　（12）同理，制作 cactus 模型的移动动画。首先，为其添加 Animation 属性，然后创建移动动画 cactusmove。与 Cube 的移动动画一样，设置其在第 3 秒处水平移动 15 个距离，第 6 秒处回到原位。动画窗口如图 3-55 所示。

　　（13）选中 Cube 游戏物体，在 Inspector 视图中，将刚才创建的 cubemove 剪辑拖曳到 Animation 组件处。同理，为 cactus 模型添加 cactusmove 剪辑，如图 3-56 所示。此时播放动画，发现 Cube 与 cactus 模型同时移动，但 Cube 没有旋转动画。

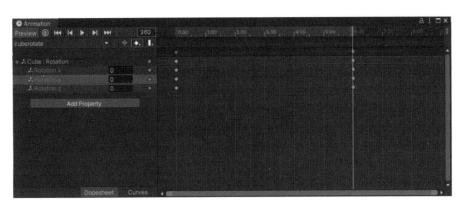

图 3-53　设置 Cube 在第 6 秒的旋转属性

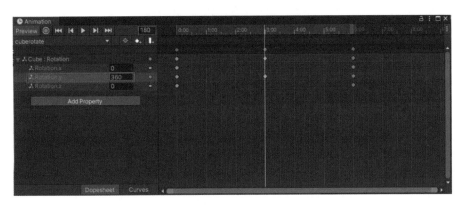

图 3-54　设置 Cube 在第 3 秒的旋转属性

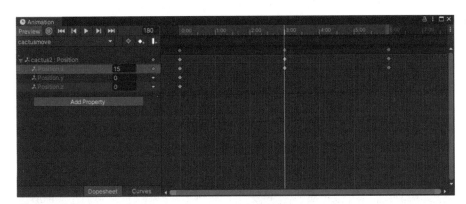

图 3-55　cactus 模型的动画窗口

图 3-56　添加 cactusmove 剪辑

（14）控制 Cube 在 3 秒后播放旋转动画。新建一个 C#脚本 Change，为其添加如下代码。

```
public class change : MonoBehaviour
{
    Animation ani; //声明 Animation 组件
    void Start()
    {
        ani=GetComponent<Animation>(); //获取到游戏物体的 Animation 组件
        if(ani.isPlaying)                //判断动画是否播放
        {
            ani.CrossFade("cuberotate",3f); //3 秒后淡入到名称为 cuberotate 的动画
        }
    }
}
```

（15）为 Cube 添加 Change 脚本组件，运行动画，前 3 秒内，所有动画正常播放，在第 3 秒时，Cube 的移动动画不再播放，而是播放其旋转动画。

任务 2 Timeline 过场动画

（1）新建 Unity 项目，在 Project 视图中的 Assets 文件夹上单击右键，选择 Import Package 下的 Custom Package 命令，将给出的 scene. unitypackage 场景资源包和 Jammo-Character. unitypackage 角色资源包导入 Unity 中。

Timeline 过场动画

（2）制作门两侧风车旋转的动画。找到 Cutter 游戏物体，为其添加 Animation 组件。打开 Animation 窗口，创建动画剪辑 leftrotate，在第 0 秒设置 Rotation. y 的值为 0，第 1 秒设置 Rotation. y 的值为 360，如图 3-57 所示。此时，风车能够实现变速旋转一周的效果。

图 3-57　leftrotate 动画窗口

（3）单击 Animation 窗口下面的 Curves 按钮，将 Rotation. y 的动画曲线选中，单击右键，选择 Both Tangents 下的 Linear，即将当前的运动曲线改为线性，如图 3-58 所示。两个关键帧都进行同样的设置，此时，风车的运动效果为匀速运动。

（4）将 leftrotate. anim 动画剪辑添加到风车的 Animation 组件处，如图 3-59 所示。

（5）选中 leftrotate. anim 动画剪辑，在 Inspector 视图中找到 Wrap Mode 属性，在下拉列表中选择 Loop，如图 3-60 所示。此时，风车会一直旋转下去。

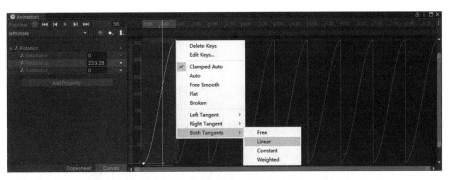

图 3-58　更改风车的运动曲线

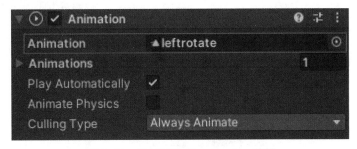

图 3-59　添加风车的 Animation 剪辑

图 3-60　设置风车的循环模式

知识链接

Wrap Mode（循环模式）有以下 5 种选项：

Default：从动画剪辑中读取循环模式。

Once：当动画播放到末尾时，将自动停止动画的播放，帧数被重置为第 1 帧。

Loop：当动画播放到末尾时，回到第 1 帧重新开始播放。

Clamp Forever：当动画播放到结尾时，动画总是处于最后一帧的采样状态。

Ping Pong：当动画播放到结尾时，将在第一帧与最后一帧之间来回播放。

（6）同理，制作右侧风车的旋转动画。

（7）从 Prefabs 文件夹中找到之前导入的人物模型 Jammo_Player，放到场景中门外的位置，调整人物的大小，如图 3-61 所示。

图 3-61　调整摆放人物模型

（8）制作门打开的动画。在 Hierarchy 视图中找到 Doors，单击右键，创建一个空物体，将空物体的轴心调整到门的左侧，如图 3-62（a）所示。然后将门 door_01 拖曳到空物体上，将门作为空物体的子物体，如图 3-62（b）所示。

图 3-62　调整门的旋转轴

（9）单击 Window 菜单，选择 Sequencing 下的 Timeline，打开 Timeline 窗口。单击选择上一步创建的空物体，单击 Timeline 窗口的 Create 按钮，创建一个 Timeline 文件，将其保存到 Animation 文件夹下。

（10）将空物体拖动到 Timeline 窗口左侧空白处，在弹出的菜单中选择 Add Animation Track 命令，如图 3-63 所示。

（11）单击 Start recording 录制按钮，在 Inspector 视图中，展开 Transform 组件，在 Position

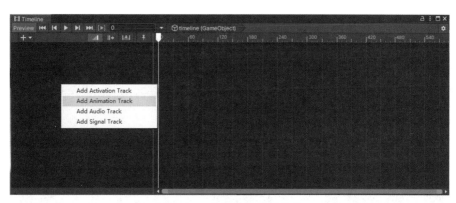

图 3-63 为门添加动画轨道

处单击右键，选择 Add Key 命令，为其位置添加关键帧，如图 3-64 所示。同理，在 Rotation 处为旋转添加关键帧。

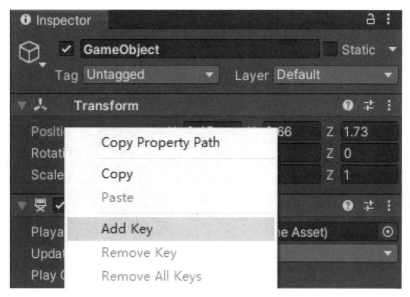

图 3-64 添加位置关键帧

（12）将时间定位在第 120 帧处，为位置添加关键帧，调整 Position 中 Z 的值，让门向后移动一段距离。在第 300 帧处，为旋转添加关键帧，调整 Rotation 中 Y 的值，让门呈现打开的效果。此时，Transform 组件的参数如图 3-65 所示。单击 End recording 按钮结束录制，门逐渐打开的动画制作完成。

图 3-65 第 300 帧处 Transform 组件的参数

（13）制作人向前走的动画。将人物拖曳到 Timeline 窗口，再次添加一个人物的运动轨道。在 Assets 中展开 Animations 下的 Default 文件夹，可以看到里面包含了许多角色的预制动作。选择 a_Idle，将其拖曳到人物的运动轨道上，调整其时间长度至 300 帧。将 a_Running 拖曳到人物运动轨道上，放置在预制动作后面，调整其时间长度至 480 帧。此时 Timeline 窗口如图 3-66 所示。

图 3-66　添加人物预备和跑的动作

（14）由于此时播放动画，人物只是在原地跑，所以要添加人物的位移动画。再次将人物模型添加到时间线，增加一个运动轨道，单击录制按钮。在第 300 帧处为 Position 添加关键帧，在第 480 帧处再次为 Position 添加关键帧，调整其 Z 位置，使其移动到场景中。结束录制，此时的 Timeline 窗口如图 3-67 所示。

图 3-67　添加人物的位移轨道

（15）用同样的方式，可以利用关键帧制作角色跑进来后转身的动作，或者在角色跑步动作后面添加其他的动作，如 Victory Idle、First Pump 等，如图 3-68 所示。这部分可以根据自己的喜好自行添加。

图 3-68　完成的角色动作 Timeline 窗口

至此，角色进入场景的过场动画制作完成。

任务 3　Animator 动作转换动画

（1）新建 Unity 项目，在 Project 视图中的 Assets 文件夹上单击右键，选择 Import Package 下的 Custom Package 命令，将给出的 Jammo-Character. unitypackage 角色资源导入，并将角色模型放置到场景中。

Animator 动作
转换动画

（2）在 Assets 视图中单击右键，选择 Create 命令，在弹出的菜单中选择 Animator Controller 命令，为角色创建一个动画控制器，命名为 JammoAnimator。

（3）双击打开 Animator 动画控制器，在窗口空白位置单击右键，选择 Create State 下的 Empty，如图 3-69 所示，创建一个空动画状态单元。

图 3-69　创建空动画状态单元

（4）选择创建的空动画状态单元，在 Inspector 视图中将其命名为 idle，在 Motion 处选择其状态为 a_Idle，如图 3-70 所示。

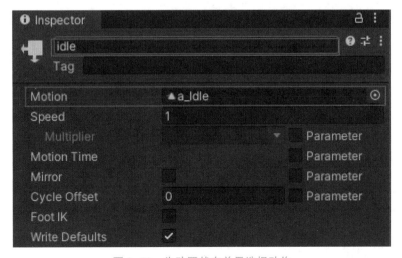

图 3-70　为动画状态单元选择动作

（5）用同样的方法依次为其添加三个动画状态单元，分别为 walk、standing、run，添加完成的动画状态如图 3-71 所示。

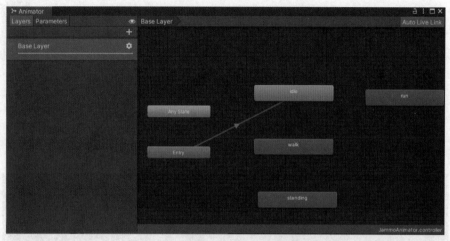

图 3-71　添加三个动画状态单元

（6）在 idle 动画状态单元上单击鼠标右键，选择 Make Transition，并在另一个动画状态单元 walk 上单击，即可完成从 idle 到 walk 两个动画状态的连接。图 3-72 所示为全部动画状态搭建完成的状态。

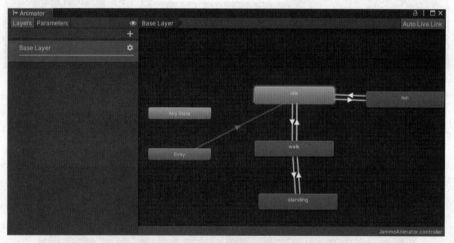

图 3-72　全部动画状态搭建完成的状态

知识链接

　　Animator 动画系统通过动画过渡条件实现各个动画状态单元间的切换，开发人员只需控制这些过渡条件即可实现对动画的控制。在动画状态机中，默认的动画显示为黄色，如本例中默认动作为 idle，其他动画状态单元则显示为灰色，若想将任一动画状态设置为默认状态，则可在该状态上单击右键，选择 Set as Layer Default State 命令，即可将其设置为默认动画。

（7）向动画控制器添加参数实现对过渡条件的控制。单击 Parameters 下的 "+" 添加一个 Float 类型参数 Time，再次单击添加一个 Bool 类型的参数 State，如图 3-73 所示。

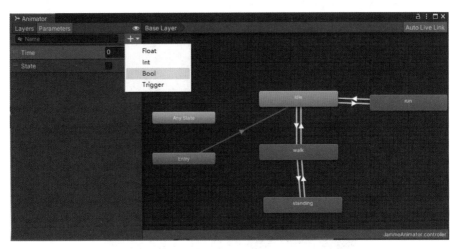

图 3-73　添加参数

　　动画状态机和过渡条件搭建完成之后，需要对动画状态机之间的过渡条件进行设置，而控制这些过渡条件则需要参数的搭配，Animator 提供的过渡参数类型有 Float、Int、Bool 和 Trigger，这些需要游戏设计师提前进行规划。

（8）选择 idle 到 walk 之间的过渡状态，在 Inspector 视图中的 Conditions 处添加过渡条件，即单击 "+"，设置 Time 的值大于 0.1 时，让其过渡到 walk 状态，同时，取消 Has Exit Time 选项，如图 3-74 所示。

图 3-74　设置 idle 到 walk 的过渡参数

知识链接

Has Exit Time 选项如果选中，表示从 idle 到 walk 状态的过渡需要等待 idle 动作完成再执行动作状态转换，取消则表示无须等待 idle 动作完成，只要条件满足即可直接过渡到 walk 动作。

（9）同理，设置 walk 到 standing 的动作过渡参数为大于 0.5，保留 Has Exit Time 选项，如图 3-75 所示。

图 3-75　设置 walk 到 standing 的过渡参数

（10）设置 standing 到 walk 的动作过渡参数为小于 0.5，保留 Has Exit Time 选项，如图 3-76 所示。

图 3-76　设置 standing 到 walk 的过渡参数

（11）设置 walk 到 idle 的动作过渡参数为小于 0.1，取消 Has Exit Time 选项，如图 3-77 所示。

图 3-77　设置 walk 到 idle 的过渡参数

（12）设置 idle 到 run 的动作过渡参数 State 值为 true，直接过渡，如图 3-78 所示。

图 3-78　设置 idle 到 run 的过渡参数

（13）设置 run 到 idle 的动作过渡参数 State 值为 false，直接过渡，如图 3-79 所示。

（14）添加代码实现对动画的控制。创建一个 C#脚本文件 stateChange，为其添加代码如下：

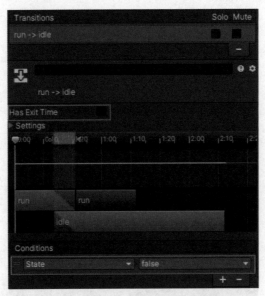

图 3-79　设置 run 到 idle 的过渡参数

```
public class stateChange : MonoBehaviour
{
    Animator anim; //声明 Animator 组件
    void Start()
    {
        anim=GetComponent<Animator>(); //获取 Animator 组件
    }
    void Update()
    {
        float v=Input.GetAxis("Vertical"); //获取垂直轴方向的参数
        anim.SetFloat("Time",v);            //传递控制参数
        if(Input.GetKeyDown(KeyCode.R)) //判断是否按下了 R 键
            anim.SetBool("State",true); //传递控制参数
        if(Input.GetKeyUp(KeyCode.R))
            anim.SetBool("State",false);
    }
}
```

（15）为角色添加刚创建的脚本 stateChange，同时，将动画控制器 JammoAnimator 添加到角色 Animator 组件的 Controller 处。运行动画，当按 W 键时，执行走路到摔倒的动作，按 R 键时，执行跑步的动作，动画制作完成。

任务 4　Blend Tree 混合树动画

（1）新建 Unity 项目，在 Project 视图中的 Assets 文件夹上单击右键，选择 Import Package 下的 Custom Package 命令，将给出的 unitychan-Character. unitypackage 角色资源导入进来，并将角色模型放置到场景中。

（2）在 Assets 视图中单击右键，选择 Create 命令，在弹出的菜单

Blend Tree 混合树动画

中选择 Animator Controller 命令，为角色创建一个动画控制器，命名为 chan Animator Control-ler，并将该动画控制器添加到 Animator 组件中，双击打开动画控制器。

（3）在动画控制器的空白处单击鼠标右键，选择 Create State 下的 From New Blend Tree 命令，如图 3-80 所示，创建一个动画混合树。

图 3-80　创建动画混合树

知识链接

　　混合树是动画状态机中的一种特殊状态类型，它允许通过不同程度合并多个动画来使动画平滑混合，每个运动对最终效果的影响由一个混合参数进行控制。为了使混合后的运动合理，要混合的运动必须具有相似的性质和时机。

（4）双击打开该混合树，在 Parameters 选项处为其添加两个 Float 类型的参数：speedx 和 speedy，如图 3-81 所示。

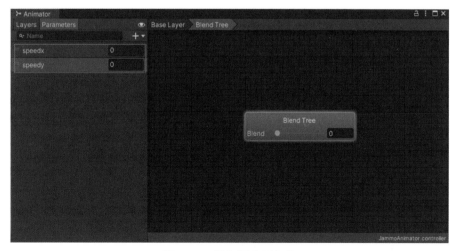

图 3-81　添加混合树参数

（5）单击选择混合树，在 Inspector 视图中设置混合树的类型为 2D Freeform Directional，同时设置 Parameters 参数分别为 speedx 和 speedy，如图 3-82 所示。

图 3-82　设置混合树的混合方式

（6）在 Motion 处单击"+"，选择 Add Motion Field，为其添加第一个动作 WAIT00，这是一个等待的动作，设置其 Pos X 和 Pos Y 的值均为 0，如图 3-83 所示。

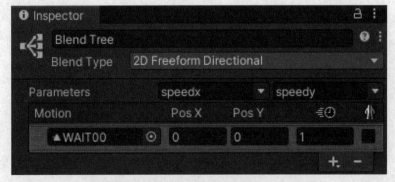

图 3-83　添加等待动作

（7）用同样的方法为其添加其余的动作，其动作及参数设置如图 3-84 所示。

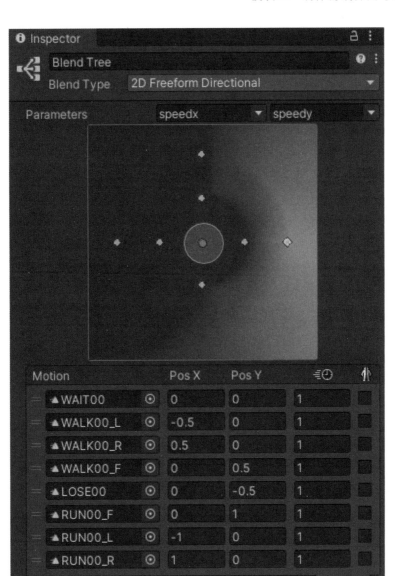

图 3-84　设置混合树的动作及参数

（8）新建一个 C#脚本 blendtree，为其添加如下代码：

```
public class blendtree : MonoBehaviour
{
    private Animator ani;
    public float xDampTime = 0.5f;//定义间隔时间
    public float yDampTime = 0.5f;
    void Start()
    {
        ani = GetComponent<Animator>();
    }
}
```

```
void Update()
{
    float h=Input.GetAxis("Horizontal");//获取水平轴方向的参数
    float v=Input.GetAxis("Vertical");  //获取垂直轴方向的参数
    ani.SetFloat("speedx",h,xDampTime,Time.deltaTime);//经过多长时间到达指定的值
    ani.SetFloat("speedy",v,yDampTime,Time.deltaTime);
    }
}
```

（9）将脚本赋给角色，运行游戏，按 W 键会执行向前走后向前跑的动作，按 A 键会执行向左走后向左跑的动作，按 D 键会执行向右走后向右跑的动作，按 S 键会执行失败的动作。

项目总结与评价

本项目重点介绍了 Unity 动画系统的使用方法，包括 Animation 剪辑动画、Timeline 过场动画、Animator 动作转换动画以及 Blend Tree 混合树动画。希望读者能够充分发挥自己的创意，运用动画系统将游戏设计得更加精美、有吸引力。

游戏动画制作评价表

评价内容	评价分值	评价标准	得分	扣分原因
任务 1 Animation 剪辑动画	20	1. 是否正确导入并添加模型 2. 是否能正确添加 Animation 组件 3. Animation 剪辑动画制作是否正确 4. 是否能够实现剪辑动画的控制		
任务 2 Timeline 过场动画	25	1. 风车旋转动画制作是否正确 2. 门属性动画制作是否正确 3. 角色动作衔接是否合理、播放流畅		
任务 3 Animator 动作转换动画	25	1. 是否正确添加 Animator 组件 2. 动作状态添加是否正确 3. 动作过渡状态是否确 4. 是否正确设置参数并用脚本实现动作状态切换控制		
任务 4 Blend Tree 混合树动画	30	1. 是否正确创建混合树 2. 是否能够正确添加混合树中的动作并设置参数 3. 是否能够用脚本实现动作控制		

项目十二　地形引擎——游戏场景制作

项目概述

在风雨如磐的长征路上，红军战士跋涉千山万水，爬雪山、过草地，排除千难万险，只为寻求一条救国救民的出路，这是中华民族百折不挠民族精神的体现。本项目将运用 Unity 中强大的地形引擎功能模拟这种地形环境，完成的场景效果如图 3-85 所示。

图 3-85　游戏场景效果图

项目实现

任务 1　设置地形

（1）新建 Unity 项目，在 Hierarchy 视图中单击右键，选择 3D Object 下的 Terrain 命令，如图 3-86 所示，创建一个地形。

（2）选中地形，在 Inspector 视图中单击 Terrain Settings（地形设置）按钮，设置地形的宽度和长度均为 100，高度为 40，如图 3-87 所示。

设置地形

（3）单击 Paint Terrain 按钮绘制地形。因为地形中要制作湖水，所以，要先将地形整体抬高，选择 Set Height，设置高度为 20，然后单击 Flatten Tile 按钮，将地形整体升高 20 个单位，如图 3-88 所示。

知识链接

抬高地形的目的是让地形有高低起伏的变化，因本例中地形整体高度为 40，抬高 20 之后，则在地形上绘制的山峰的高度最高为 20，湖水的深度最深为 20。

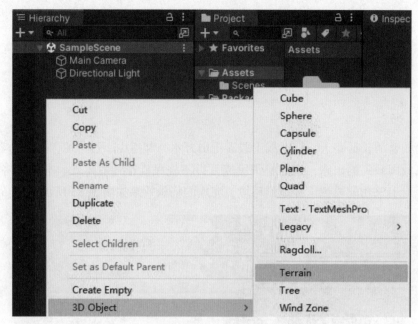

图 3-86　创建地形

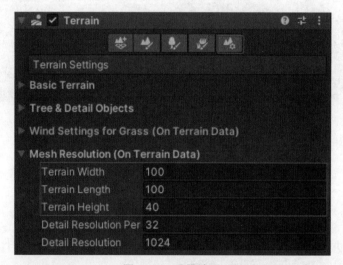

图 3-87　设置地形

图 3-88　抬高地形

（4）选择 Raise or Lower Terrain 命令绘制地形。首先在 Brushes 处选择一个笔刷，然后设置好 Brush Size（笔刷尺寸）和 Opacity（强度）在地形上进行绘制，如图 3-89（a）所示。直接绘制即可升高地形，按住 Shift 键绘制即可降低地形。若绘制的地形过于尖锐，则可以选择 Smooth Height 命令平滑一下地形。地形的整体效果可以根据自己的喜好自行设计，如图 3-89（b）所示。

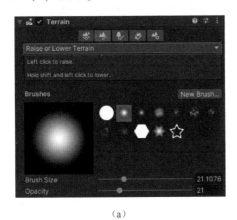　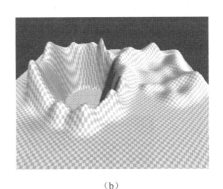

（a）　　　　　　　　　　　　　　　　　（b）

图 3-89　绘制地形

知识链接

按键盘上的［和］键调整笔刷大小，快速进行笔刷大小的缩放。

任务 2　装饰地形

（1）导入素材资源。在 Assets 文件夹上单击右键，选择 Import Package 下的 Custom Package 命令，将给出的 Environment. unitypackage 环境资源文件导入 Unity 中。

装饰地形

知识链接

由于此环境资源包是从官网上下载的，因此，对于不同的版本，会存在一些问题，可以将脚本中所有带 GUI 字样的都删除，然后在上面加上命名空间的引用 using Unity-Engine. UI；即可。

（2）设置地面及山峰颜色。单击 Paint Terrain 下的 Paint Texture 按钮，单击 Edit Terrain Layers 命令，选择 Create Layer，如图 3-90（a）所示。从弹出的窗口中选择 GrassHillAlbedo 贴图，地面即可添加选择的贴图，如图 3-90（b）所示。

（3）用同样的方法为其再次添加白色的山峰贴图。选择的贴图为 SimpleFoam，这个贴图需要用笔刷在山峰上绘制才能达到效果，如图 3-91 所示。

（4）绘制草地。单击 Paint Details 按钮，选择 Details 下的 Add Grass Texture 命令，如图 3-92 所示。

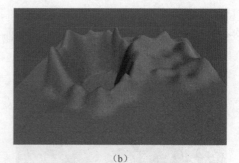

(a)　　　　　　　　　　　　　　(b)

图 3-90　添加草地纹理

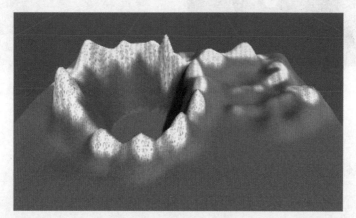

图 3-91　绘制山峰贴图

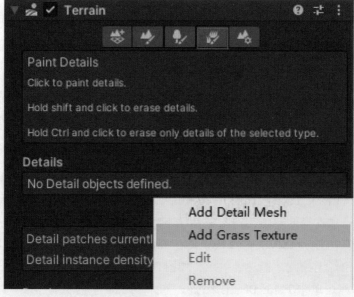

图 3-92　绘制草地

（5）在 Add Grass Texture 窗口中选择一种草的样式，如 GrassFrond02AlbedoAlpha，设置 Noise Seed 的值为 1，使参数降低一些，单击 Add 按钮，如图 3-93 所示。此时，选择适当的画笔进行绘制即可实现草地的效果，如图 3-94 所示。

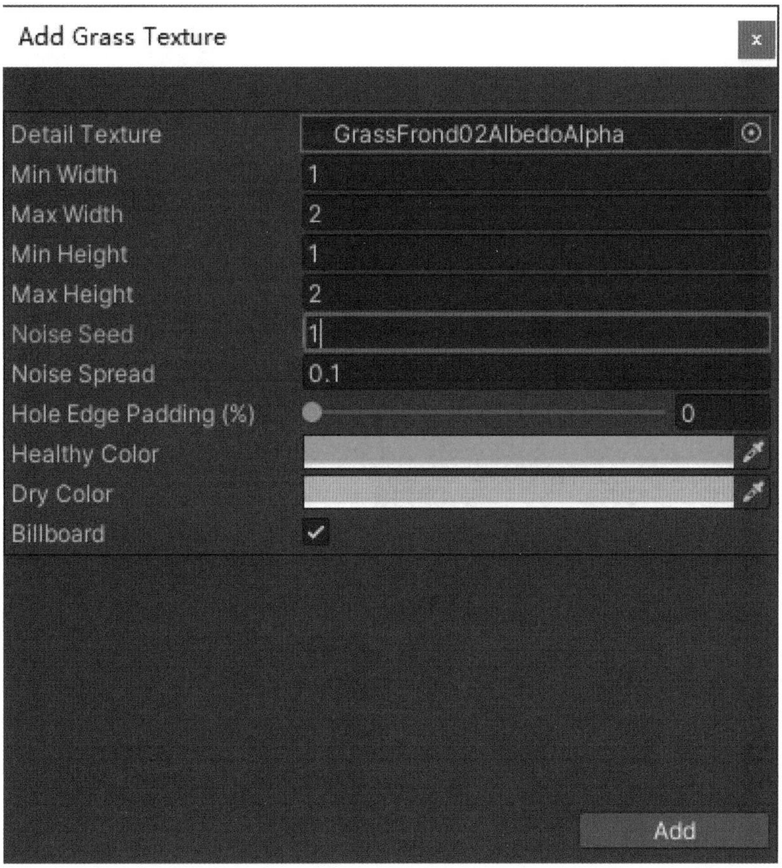

Add Grass Texture ✕

Detail Texture	GrassFrond02AlbedoAlpha ⊙
Min Width	1
Max Width	2
Min Height	1
Max Height	2
Noise Seed	1
Noise Spread	0.1
Hole Edge Padding (%)	0
Healthy Color	
Dry Color	
Billboard	✓

Add

图 3-93　选择草的贴图

图 3-94　添加草地的效果

> **知识链接**
>
> 按住 Shift 键再用画笔进行绘制，可以将草地删除。

（6）添加树。单击 Paint Trees 按钮，选择 Trees 下的 Add Tree，如图 3-95 所示。

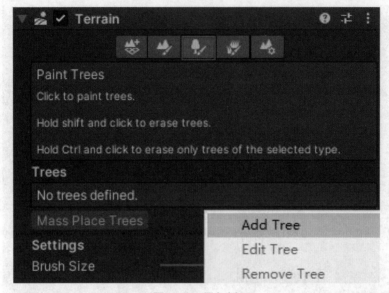

图 3-95　添加树

（7）从弹出的窗口中选择一种树的预制体，然后单击 Add 按钮，如图 3-96 所示，用合适的笔刷在地形上绘制，即可添加树。

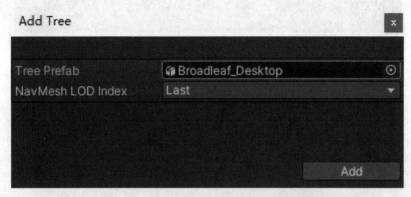

图 3-96　选择树贴图

（8）用同样的方法在地形中添加其余的树。绘制完成的效果如图 3-97 所示。

（9）添加水。在 Assets 中展开 Standard Assets 标准资源下的 Environment（环境）资源，找到 Water（Basic）下的 Prefabs，选择 WaterBasicDaytime 预制体，将其拖曳到湖水的位置，调整其大小和位置，水资源添加完成，如图 3-98 所示。

（10）测试场景。用前面讲过的方法导入给出的 Characters. unitypackage 角色资源包，找

图 3-97　添加树后的效果

图 3-98　添加水后的效果

到 FirstPersonCharacter 下的 Prefabs 文件夹，选择其中的 FPSController 预制体，将其拖曳到场景中。调整好角色位置，运行游戏即可测试场景。

知识链接

当角色走到水上时，会发现其会进入水底，若想角色能够实现在水面上行走，可以在湖水下面添加一个平面。

任务 3　设置环境

（1）制作天空盒。导入给出的 Skyboxes. unitypackage 资源包，在 Assets 视图中单击Create 下的 Material 命令，创建一个材质球，将其命名为 skybox1。

（2）双击该材质球，在 Inspector 视图中选择 Shader 下拉列表中的 Skybox，然后选择 6 Sided，如图 3-99 所示。

设置环境

（3）单击每个面对应的 Select 按钮，在弹出的窗口中选择任意一款天空对应的材质贴图，6 个面都设置好的效果如图 3-100 所示。

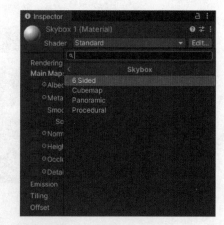

图 3-99　创建天空盒材质球

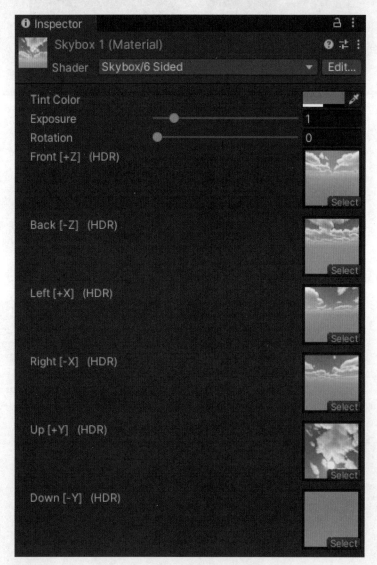

图 3-100　设置好的天空盒

（4）单击 Window 菜单，选择 Rendering 下的 Lighting，在弹出的对话框中选择 Environment 选项卡，在 Skybox Material 处选择刚才制作好的天空盒 skybox1，如图 3-101 所示。运行游戏，即可看到制作好的天空效果。

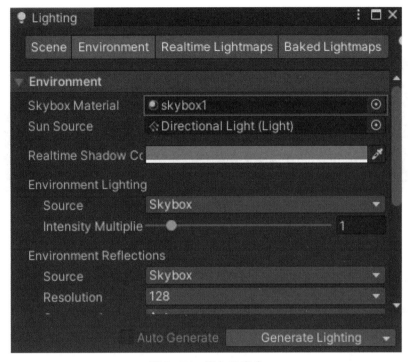

图 3-101　添加天空盒

（5）添加雾效果。在上一步打开的 Environment 选项卡下面勾选 Fog，即可开启雾效。在下面的 Color 处可以设置雾的颜色，Density 可以设置雾的浓度，如图 3-102 所示。

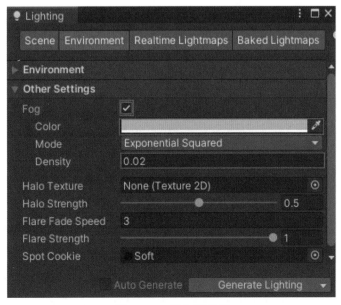

图 3-102　添加雾效果

（6）添加风。在 Hierarchy 视图中单击右键，选择 3D Object 下面的 Wind Zone，创建一个风区，将其调整至树林的位置。运行游戏，发现树木已经受风的影响晃动起来。此时，可以选择创建的 Wind Zone 游戏物体，在 Inspector 视图中调整 Wind Zone 中 Main（风的大小）的值为 0.2，Turbulence（风的强度）的值为 0.5，如图 3-103 所示。再次运行游戏，风的效果就比较柔和。

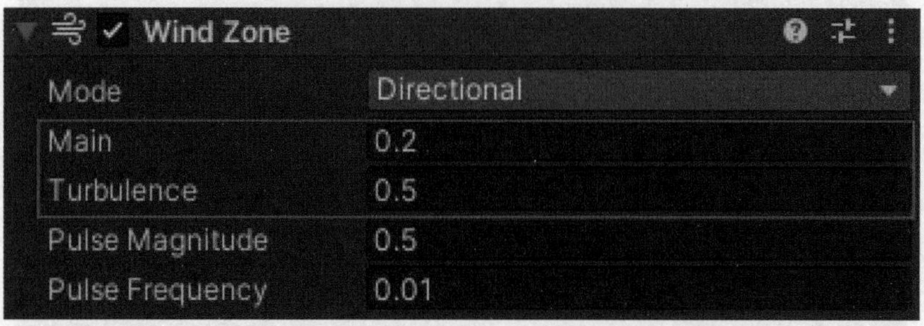

图 3-103　设置 Wind Zone 参数

项目总结与评价

游戏场景一般包括地形、植物、天空以及环境，本项目利用地形工具，结合标准资源包以及角色资源包，介绍了游戏场景的制作方法与技巧，同时实现了第一人称角色在场景中漫游的效果，读者可以参考本项目内容自己设计第三人称场景漫游效果。

游戏场景制作评价表

评价内容	评价分值	评价标准	得分	扣分原因
任务 1 设置地形	40	1. 是否会正确运用参数创建地形 2. 是否能正确绘制山峰、湖泊等地形效果 3. 地形整体设计是否合理		
任务 2 装饰地形	30	1. 是否会用地形贴图设置地面、山峰效果 2. 是否能正确添加草地 3. 是否能正确添加树木 4. 是否能正确添加水效果 5. 是否能运用第一人称控制器实现场景漫游		
任务 3 设置环境	30	1. 是否会制作天空盒 2. 是否能够正确更改天空效果 3. 场景中雾效果添加是否正确 4. 是否能正确添加风并调整风的大小		

项目十三　声光技术——声光特效

项目概述

　　声音和光影特效是塑造游戏体验的重要元素，通过精心设计的声音和光影效果，可以营造出独特的氛围和情感，从而让玩家更好地沉浸在游戏世界中，帮助玩家更准确地理解游戏设计背后的思想、文化和价值观，从而实现游戏作为文化产品传递文化价值观的社会意义。制作声音和光影特效时，需要综合考虑艺术审美、创意与创造力、团队合作、技术实现、用户体验以及文化传播等多个方面，才能创作出符合游戏氛围的音效以及令人惊叹的视觉效果，达到具有吸引力和影响力的游戏体验。本项目将介绍各种声光效果的实现方法，效果如图3-104所示。

图3-104　效果展示

项目实现

任务1　声音特效

　　（1）直接播放声音。打开上一项目制作的地形文件，在 Assets 视图单击右键，选择 Create 下的 Folder 命令，创建一个文件夹，将其命名为 Music。将素材中的 bird.mp3 声音文件进行复制，在 Assets 视图中单击右键，选择 Show in Explorer 命令，打开资源管理器，将声音文件粘贴到 Music 文件夹中。

知识链接

　　Unity 支持 4 种格式的声音：.aiff 格式、.wav 格式、.mp3 格式、.ogg 格式。

（2）将刚才导入的 bird. mp3 声音文件拖曳到 Hierarchy 视图中，双击声音，在场景中将其调整到右侧树林处，即能听到鸟叫声的位置。

（3）单击声音，在 Inspector 视图中找到 Audio Source 组件，勾选 Loop，即设置声音为循环播放，将 Spatial Blend 设置为 3D，在 3D Sound Settings 下面，将 Volume Rolloff 设置为 Linear Rolloff（线性衰减），将 Max Distance 设置为 20，如图 3-105 所示。

直接播放声音

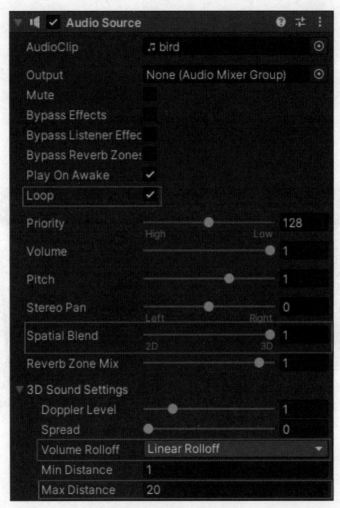

图 3-105　声音参数设置

知识链接

Audio Source 是音频源组件，用来在场景中播放音频，如果播放的声音是一个 3D 音频，音频源就会随距离而衰减，当超过 Max Distance（最大距离）时，将保持音量，不做任何衰减。

在 Audio Source 组件中有几个重要的参数，介绍如下：

● Mute（静音）：如果勾选该参数，那么音频在播放时会没有声音。

• Play On Awake（唤醒时播放）：如果启用，声音在场景启动时就会自动播放；如果禁用，需要在脚本中使用 play( ) 命令来播放。

• Spatial Blend（空间混合）：指定音源是 2D 音源（值为 0）、3D 音源（值为 1）还是二者插值的复合音源。只有值为 1 时，下面的衰减设置才起作用。

（4）因为地形中添加了第一人称角色，该角色是自带摄像机的，因此，可以选择 Main Camera，在 Inspector 视图中将其自带的 Audio Listener 组件关掉，同时将其隐藏，如图 3-106 所示。运行动画，当角色走到右侧树林设置了声音的区域时，将听到鸟叫的声音。

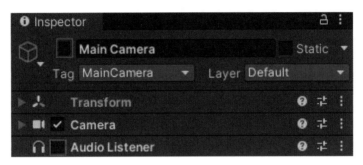

图 3-106　主摄像机参数设置

知识链接

Audio Listener（音频监听器）：该组件接收任何在场景中输入的音频源，并通过计算机的扬声器播放声音。一个场景只能有一个音频监听器，一般会挂载到主摄像机上。

（5）脚本控制播放声音。新建 Unity 文件，导入 2.1 节中制作好的爆炸效果，并将 baozha. wav 声音素材文件导入 Assets 中。

（6）选择 Sphere 游戏物体，在 Inspector 视图中单击 Add Component 按钮，为其添加一个 Audio Source 组件，将 baozha. wav 声音添加到 AudioClip 处。由于是按空格键才让声音开始播放，因此将 Play On Awake 选项取消，如图 3-107 所示。

脚本控制播放声音

图 3-107　为球体添加 Audio Source 组件

（7）打开 Script 文件夹中的 ExplosionForce. cs 脚本文件，在原来的脚本代码基础上，为其添加如下代码来控制声音的播放。

```
private float radius = 10.0f;
private float force = 1000.0f;
private AudioSource audios;//声明音频源组件
void Start()
{
    audios = GetComponent<AudioSource>();//获取音频源组件
}
void Update()
{
    if (Input.GetKeyDown(KeyCode.Space))
    {
        Explode();
    }
}
private void Explode()
{
    Collider[] colliders = Physics.OverlapSphere(transform.position, radius);
    foreach (Collider obj in colliders)
    {
        if (obj.GetComponent<Rigidbody>() != null)
        {
            obj.GetComponent<Rigidbody>().AddExplosionForce(force, transform.
position, radius);
            audios.Play();//播放声音
        }
    }
}
```

运行游戏，按空格键，在执行爆炸效果的同时会播放爆炸的声音。

（8）调整声音的音量。打开 3.1 节中制作的《迷宫寻宝》游戏界面，将 mainpage 界面隐藏，将 yinyueshezhi 界面显示出来，并将要用到的 bgm. wav 背景音乐导入 Assets 中。

（9）用学过的方法将之前制作的"开""关"单选项修改为"打开"和"关闭"，同时增加一个"暂停"选项，如图 3-108 所示。

（10）选中 Slider 游戏物体，在 Inspector 视图中设置 Slider 的 Value 值为 23，即让声音的初始音量为 23，如图 3-109 所示，同时让 Slider 滑块的值也为 23。

（11）为 gameController 游戏物体添加 Audio Source 组件，为 AudioClip 添加 bgm. wav 背景音乐，如图 3-110 所示。

图 3-108　更改界面单选钮

图 3-109　设置初始音量

调整声音

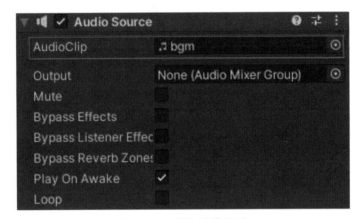

图 3-110　添加背景音乐

（12）打开 gameUIEvent 脚本，为其增加如下声音控制代码：

```
public Button startButton;
public Button exitButton;
public Toggle toggle1;
public Toggle toggle2;//声明 Toggle 组件
public Slider slider;
public Text text1;
private AudioSource audios;//声明音频源组件
private void Start()
{
    audios=GetComponent<AudioSource>();//获取音频源组件
    audios.volume=slider.value/100;      //设置音量大小为 Slider 的 value 值
    text1.text=slider.value.ToString()+"%";//设置音量文本的值与 Slider 值相对应
}
public void OnStartGameButtonPressed()
{
    SceneManager.LoadScene("gameScene");
}
public void OnExitGameButtonPressed()
{
```

```
        Application.Quit();
    }
public void OnToggleChanged1()//当选中打开时,Slider 滑块可用
    {
        if (toggle1.isOn)
        {
            slider.interactable=true;
            slider.enabled=true;
        }
        else if (toggle2.isOn)//当选中暂停时,Slider 滑块不可用
        {
            slider.interactable=true;
            slider.enabled=false;
        }
        else
        {
            slider.interactable=false;
        }
    }
public void OnSliderValueChanged()
    {
        text1.text=slider.value.ToString ()+"% ";
        audios.volume=slider.value/100;//当 Slider 值改变时,音量大小也跟随改变
    }
public void dakai()//当选中打开时,让声音播放
    {
        if(! audios.isPlaying)
        {
            audios.Play();
        }
    }
public void zanting()//当选中暂停时,让声音暂停
    {
        if (audios.isPlaying)
        {
            audios.Pause();
        }
    }
public void guanbi()//当选中关闭时,让声音停止
    {
        if(audios.isPlaying)
        {
            audios.Stop();
        }
    }
```

（13）选中 gameController 游戏物体，在 Inspector 视图中指定 Toggle 2 为暂停，如图 3-111 所示。

图 3-111　指定 Toggle 2 为暂停

（14）选择"打开"Toggle，在 Inspector 中 On Value Changed 处单击"+"，为其添加 gameController 游戏物体的 gameUIEvent 脚本中的 dakai（）方法，如图 3-112 所示。

图 3-112　为"打开"Toggle 添加方法

（15）同理，为"关闭"Toggle 添加 OnToggleChanged1（）方法和 guanbi（）方法，如图 3-113 所示。

图 3-113　为"关闭"Toggle 添加方法

（16）为"暂停"Toggle 添加 OnToggleChanged1（）方法和 zanting（）方法，如图 3-114 所示。

图 3-114　为 "暂停" Toggle 添加方法

（17）运行游戏，当拖动音量滑块时，音量会随之变化。当 "暂停" 或 "关闭" 选中时，音量滑块不可用。

任务 2 光影特效

（1）添加定向光。新建 Unity 项目，导入 3D Free Modular Kit. unitypackage 资源包和 Unitypic. jpg、yaoban. jpg 素材图片，双击打开 Test_Map 场景，找到要添加光源的位置，如图 3-115 所示。

光影特效

图 3-115　定位要添加光源的位置

（2）选中门 Door_Left_01 游戏物体，单击右键，选择 Light 下的 Directional Light，添加一个定向光，将定向光旋转并调整其位置，让其照亮场景。

知识链接

Directional Light 是定向光，类似于太阳光的效果。当场景中有一个定向光时，无论在什么位置，都会影响到场景中的所有物体。默认情况下，新建的场景都会包含一个定向光源。

（3）在 Inspector 视图中找到 Light 组件，设置 Color 的颜色为黄色，Shadow Type 为 Soft Shadows，Strength 的值为 0.5，如图 3-116 所示。

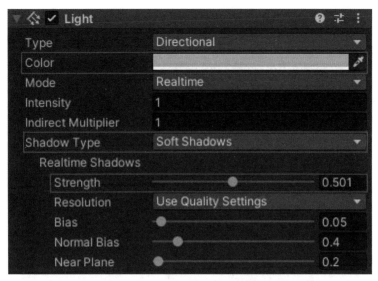

图 3-116　设置定向光的参数

　　Unity 中的四种光源都含有 Light 组件，其参数大致相同。Light 组件的常用参数含义如下：

- Type：灯光的类型。
- Color：灯光的颜色。
- Intensity：灯光的明亮程度。
- Shadow Type：阴影类型，分别为 No Shadows（无阴影）、Hard Shadows（硬阴影）、Soft Shadows（软阴影）。
- Strength：阴影的强度。
- Cookie：使用一个带有 Alpha 通道的纹理来制作一个遮罩，使光线在不同的地方有不同的亮度，当光源是点光源时，必须为一个立方图纹理。
- Draw Halo：绘制光晕。
- Flare：在光源的位置绘制灯光耀斑。
- Render Mode：灯光的渲染模式。
- Culling Mask：使选择的某些层不受光源影响。

　　（4）添加聚光灯。选中相邻房间顶部的灯光，右击，选择 Light 下的 Spot Light，为其添加一盏聚光灯，旋转聚光灯，让其向地面照射，如图 3-117 所示。

　　Spot Light（聚光灯）：灯光从一个点发出，沿一个方向按照圆锥形的范围照射，类似于舞台的聚光灯。当 Scene 视图调整完成后，选择摄像机，按 Ctrl+Shift+F 组合键可以快速将 Game 视图切换到与 Scene 视图一致。

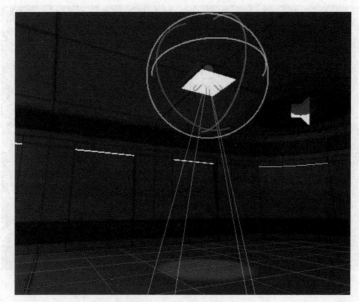

图 3-117　添加聚光灯

（5）选择聚光灯，在 Light 组件中设置灯光的颜色 Color 为蓝色，范围 Range 为 47.18，将素材 Unitypic. jpg 图片添加到 Cookie 处，如图 3-118 所示，此时无法显示 Unity 图标，灯光显示为方形。

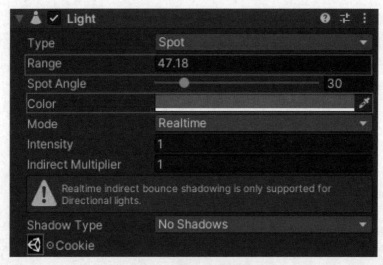

图 3-118　设置聚光灯参数

（6）选中 Unitypic 图片，在 Inspector 视图中 Texture Type 处选择 Cookie，Alpha Source 选择 From Gray Scale，单击 Apply 按钮，如图 3-119（a）所示。制作完成的效果如图 3-119（b）所示。

（7）添加点光源。选择大厅处的灯光，单击右键，选择 Light 下的 Point Light，创建一个点光源，调整点光源的位置、颜色及强度等参数，可自行设置，如图 3-120 所示。

（a）

（b）

图 3-119　聚光灯 Cookie 参数及效果

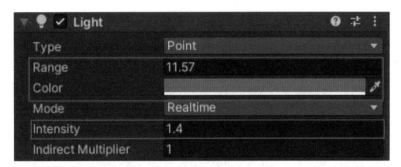

图 3-120　设置点光源参数

　　Point Light（点光源）：灯光从一个点的位置向四面八方发射光线，类似于生活中的灯泡照射的效果。点光源默认情况下不支持阴影。

　　（8）同理，为右侧的灯光也添加一个蓝色的点光源，如图 3-121（a）所示。添加完成的效果如图 3-121（b）所示。

　　（9）添加炫光。在 Assets 视图空白处单击右键，选择 Create 下的 Lens Flare 命令，创建一个镜头炫光，选择蓝色的点光源，将创建的镜头炫光添加到 Light 组件的 Flare 处，如图 3-122 所示。

　　（10）单击镜头炫光，在 Inspector 视图中的 Flare Texture 处将炫光图片 yaoban.jpg 添加进来，此时炫光显示为一半，可以将 Texture Layout 选择为 1 Texture，在 Elements 下可以自行调整炫光的 Position、Size、Color 等属性，如图 3-123 所示。

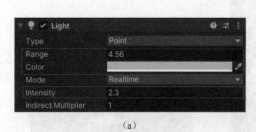
（a）

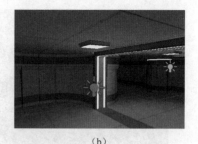
（b）

图 3-121　添加蓝色点光源及灯光效果

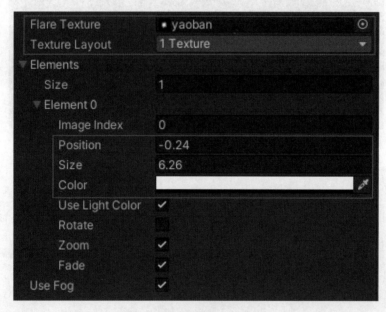

图 3-122　添加镜头炫光

图 3-123　设置炫光的参数

（11）设置炫光的强度。打开 Window 菜单，选择 Rendering 下的 Lighting，单击 Environment 选项卡，在 Other Settings 下 Flare Strength 处可以调整炫光的强度，如图 3-124 所示。

（12）添加地面反射效果。选择刚才创建的粉色灯光，单击右键，选择 Light 下的 Reflection Probe，创建一个反射探头。单击反射探头，在 Inspector 视图中设置其 Box Size 的值，将

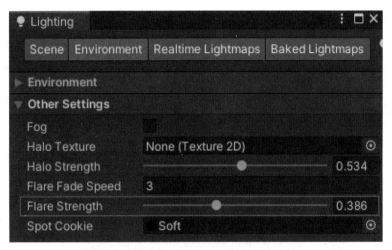

图 3-124 设置炫光的强度

Type 类型改为 Realtime（实时渲染）并调整位置，让其正好笼罩在两个房间内，如图 3-125（a）所示。添加了反射探头的场景如图 3-125（b）所示。

（a）

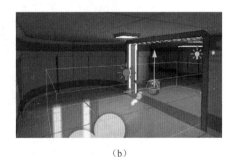
（b）

图 3-125 添加反射探头

知识链接

Reflection Probe（反射探头）：捕捉所在位置各个方向的环境视图，将所捕获的图像存储为一个立方体纹理，让物体表面呈现出所处环境中的场景，从而产生真实的镜面反射效果。

（13）制作地面的反射。选择灯光下面的地板，在地板的材质贴图处，将 Metallic 自带的金属贴图取消，将 Smoothness（平滑度）设置为 1，如图 3-126（a）所示。此时，可看到地面映射出了灯光的效果，如图 3-126（b）所示。

（14）制作自发光物体。在旁边的空房间内新建一个 Cube，新建一个材质球，设置其 Albedo 颜色为黄色，勾选 Emission（自发光），将自发光 Color 设置为黄色，如图 3-127 所示，并设置其自发光贴图为 Neon。

（a）

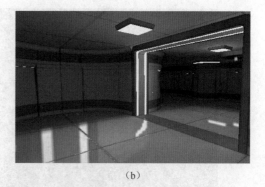
（b）

图 3-126　制作地面反射效果

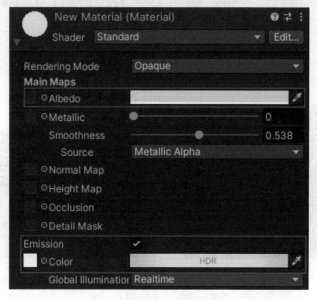

图 3-127　设置自发光材质

　　自发光材质可以让物体表面发光，也可以看作一种光源，通过给物体添加特殊的着色器，调节其自发光参数，可以得到一种柔和的灯光效果。

　　（15）选中 Cube，在 Inspector 视图中勾选 Static，将其设置为静态物体，如图 3-128 所示。将材质球赋给 Cube。

　　（16）打开 Window 菜单，选择 Rendering 下的 Lighting，单击 Environment 选项卡下的 Generate Lighting 按钮，如图 3-129 所示。烘焙一下场景，此时物体产生了自发光效果，能够照亮周围的环境。

　　（17）添加区域光。在自发光物体附近再创建 2 个 Cube，将其中一个设置为静态，另外一个保持不变。在物体处单击右键，选择 Light 下的 Area Light 命令，创建一个区域光，用

图 3-128　设置静态物体

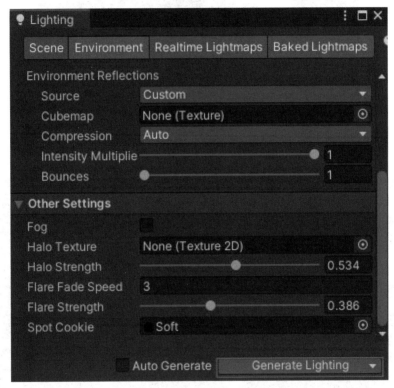

图 3-129　烘焙场景

旋转及移动工具调整区域光完全笼罩在 3 个 Cube 的上方，调整区域光的颜色为红色，再次烘焙场景，此时，静态的物体受环境中发光物体的影响被照亮，非静态的物体则不受光照效果的影响，如图 3-130 所示。

知识链接

　　Area Light（区域光）是四种光源中最特殊的一种，只有在烘焙后才会看到光影效果，烘焙前要将场景中的物体设置为静态的。区域光的范围在 Scene 窗口中以黄色线框表示，其 Z 轴是光照方向，光照强度会随着距离光源越远而递减。

（18）添加光照探头。选择 Light 下的 Light Probe Group 命令，创建一个光照探头，单击 Inspector 视图 Edit Light Probes 前面的　　按钮，调整光照探头，如图 3-131 所示，使其覆盖一定的区域。烘焙场景，移动非静态物体，会发现在光照探头范围内物体表面会随着距离光源的远近而产生实时的光照变化。

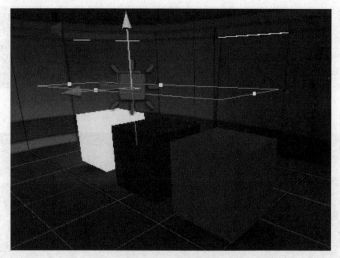

图 3-130　添加区域光后的效果

图 3-131　调整光照探头

项目总结与评价

合理搭配音效能够烘托游戏气氛，良好的光影效果则会让游戏效果更加真实美观，本项目重点介绍了场景中直接播放声音、脚本控制声音、游戏设置中音量大小的调整方法，以及定向光、聚光灯、点光源、区域光、光照探头与反射探头的使用方法，希望读者能够运用声光特效营造出具有感染力的游戏环境，给玩家以良好的视觉体验。

声光特效评价表

评价内容	评价分值	评价标准	得分	扣分原因
任务 1 声音特效	50	1. 是否会正确导入声音 2. 是否能正确设置 Audio Source 组件参数 3. 是否会编写脚本控制声音的播放 4. 是否会编写脚本调整音量大小		
任务 2 光影特效	50	1. 是否会正确添加定向光、聚光灯、点光源以及区域光 2. 是否会制作炫光效果 3. 是否会制作自发光效果 4. 是否会正确应用光照探头 5. 是否会正确应用反射探头 6. 是否理解烘焙场景的意义并且会烘焙场景		

项目十四　粒子系统——粒子特效

项目概述

在民间，除夕夜放烟花是一种非常普遍的传统习俗。正如古诗所云："爆竹声中一岁除，春风送暖入屠苏。"由此可见，放烟花也是年文化中的一种重要表现形式，寄托了劳动人民一种祛邪、避灾、祈福的美好愿望。在 Unity 中，可以用粒子特效来实模拟烟花绽放的效果。粒子特效是大量粒子单元以特定运动规律运动成的效果，可以模拟自然现象，如烟雾、火焰、雨雪等，这使得游戏中的自然景观更加逼真和生动。这种模拟不仅增强了游戏的视觉效果，也强调了人与自然和谐共生的理念。本项目将介绍粒子系统的使用方法，完成的部分案例火焰效果如图 3-132 所示。

图 3-132　火焰效果展示

项目实现

任务 1 | 绽放的礼花

（1）新建 Unity 项目，在 Hierarchy 视图上单击右键，选择 Effects 下的 Particle System，新建一个粒子系统。

> 知识链接
>
> Particle System（粒子系统）以游戏对象的形式存在，它不是一种简单的静态系统，其中的粒子会随着时间不断地变形和运动，同时自动生成新的粒子，销毁旧的粒子。

（2）选择 Main Camera，在 Inspector 视图 Camera 组件中，将 Background（背景）颜色设置为黑色，Clear Flags 设置为 Solid Color，如图 3-133 所示。这样，可以将 Game 窗口的颜色设置为黑色。

绽放的礼花

（3）选择 Particle System，在 Hierarchy 视图中设计粒子系统的参数，Start Lifetime 值为 3，Start Speed 值为 300，如图 3-134 所示。

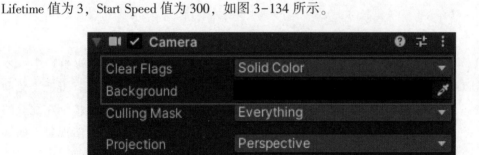

图 3-133 更改 Main Camera 背景

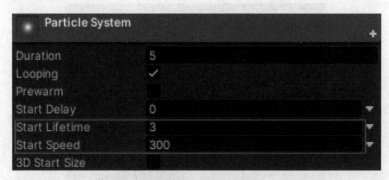

图 3-134 设置粒子系统生命及初始速度

知识链接

粒子系统基本模块参数如图 3-135 所示。

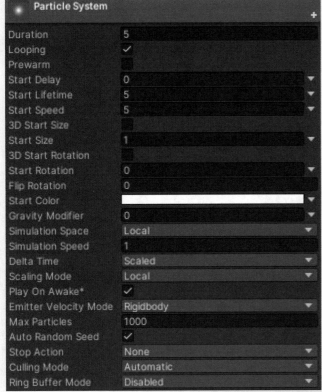

1. Duration：粒子喷射周期。
2. Looping：是否循环。
3. Prewarm：预热。
4. Start Delay：喷射延迟。
5. Start Lifetime：粒子生命周期。
6. Start Speed：初始速度。
7. 3D Start Size：初始 3D 大小。
8. Start Size：初始大小。
9. 3D Start Rotation：初始 3D 旋转角度。
10. Start Rotation：初始旋转角度。
11. Flip Rotation：翻转旋转角度。
12. Start Color：初始颜色。
13. Gravity Modifier：重力修改器。
14. Simulation Space：模拟空间。
15. Simulation Speed：模拟速度。
16. Scaling Mode：缩放模式。
17. Play On Awake：开始即播放。
18. Max Particles：发射的最大粒子数。
19. Auto Random Seed：自动生成随机种子。
20. Stop Action：停止行动。
21. Culling Mode：剔除模式。
22. Ring Buffer Mode：环形缓冲模式。

图 3-135　粒子系统基本模块

（4）设置粒子发射器的形状 Shape 为 Sphere（球形），Radius（球体半径）值为 3，Spherize Direction 值为 1（粒子发射方向从中心朝向球面方向），如图 3-136 所示。

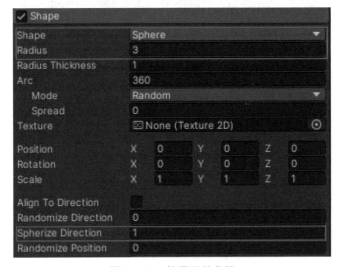

图 3-136　粒子形状参数

形状属性决定了粒子系统的喷射形式，其发射器形状包括球体（Sphere）、半球体（Hemishpere）、圆锥（Cone）、立方体（Box）、网格（Mesh）、环形（Circle）等，每种属性中都包含有各自的参数，相关参数如下：

1. Radius：球或半球的半径。

2. Emit from Shell：是否从球或半球体表面发射粒子。

3. Random Direction：粒子发射方向是否随机。

4. Angle：圆锥体角度。

5. Box X：立方体 X 轴长度。

6. Box Y：立方体 Y 轴长度。

7. Box Z：立方体 Z 轴长度。

8. Vertex：粒子从网格顶点发射。

9. Edge：粒子从网格边线发射。

10. Triangle：粒子从网格三角面发射。

11. Arc：圆弧，粒子沿着该圆弧发射。

12. Emit from Edge：是否从环形边线发射粒子。

（5）在 Emission 中，设置 Rate over Time 的值为 3 000，Bursts 中 0 秒中发射 3 000 个粒子，0.5 秒时，发射粒子数量为 0，如图 3-137 所示。

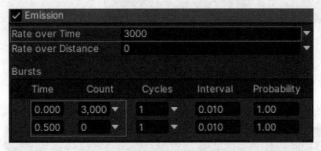

图 3-137　粒子发射模块参数

知识链接

粒子发射（Emission）模块参数解释如下：

1. Rate over Time：每秒发射粒子的数量。

2. Rate over Distance：每米发射的粒子数量。

3. Bursts：爆发，就是在某个特定时间内喷射一定数量的粒子。其中，Time 为发射的时间；Count 为发射粒子的数量；Cycles 为粒子的爆发次数，可为 Count（固定次数）或 Infinite（无限次）；Interval 为每次爆发的时间间隔。

（6）在粒子系统基本参数中，设置 Simulation Space 为 World，Scaling Mode 为 Shape，

Gravity Modifier 的值为 0.8，即让粒子在世界坐标中按指定的形状发射后，受重力影响向下落，如图 3-138 所示。

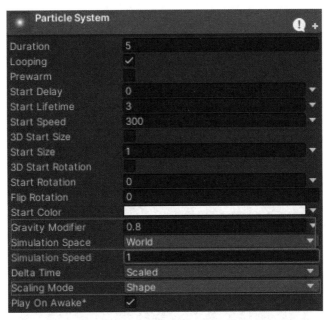

图 3-138 粒子基本模块参数

（7）在 Limit Velocity over Lifetime 中，设置 Drag（阻力）的值为 0.2，如图 3-139 所示。

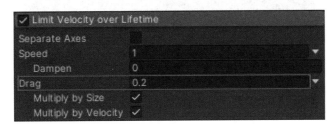

图 3-139 粒子在生命周期内限制速度模块参数

知识链接

生命周期内限制速度（Limit Velocity over Lifetime）模块的作用是对粒子系统发射的粒子进行限速，速度超过给定的最大上限时，粒子的速度就会逐渐减小到给定的上限速度。参数解释如下：

1. Separate Axes：限制速度是否区分不同轴向。

2. Speed：取消勾选分离轴时用来设置整体限制速度。

3. Dampen：当粒子速度超过上限时对粒子的减速程度，值在 0~1 之间。

（8）在 Color over Lifetime 中，设置粒子的颜色，如图 3-140 所示。

图 3-140 粒子在生命周期内颜色模块参数

知识链接

生命周期内颜色（Color over Lifetime）模块决定了粒子在生命周期内的颜色变化。当勾选此选项时，此处设置的颜色与粒子系统主体中的 Start Color 处设置的颜色重叠。

（9）在 Size over Lifetime 中，单击 Size 后面的曲线，此时在底端可以看见粒子系统的曲线设置界面（Particle System Curves），在这里设置粒子在生命周期内的大小变化为越来越小，在消失前出现闪烁的效果，如图 3-141 所示。

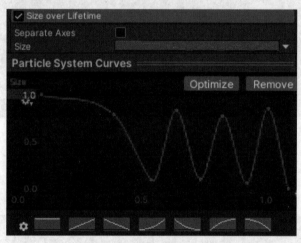

图 3-141 粒子在生命周期内的大小变化曲线

知识链接

生命周期内大小（Size over Lifetime）模块决定了粒子在生命周期内的大小变化，默认是曲线（Curve）变化。此外，还有两常量间随机（Random Between Two Constants）和两曲线间随机（Random Between Two Curves）两种变化方式。

（10）调整粒子距离主摄像机的位置，将其复制，制作第二个烟花，可以修改该粒子的颜色、生命周期、初始速度、重力等参数，此处可自行修改，播放动画，可以看到礼花在天空中绽放的效果。

任务 2　火焰效果

（1）新建 Unity 项目，在 Project 视图 Assets 处单击右键，选择 Import New Asset 命令，将素材文件夹中的 Fire. jpg、Floor. jpg、Bonfire. jpg 图片导入进来。再次在 Assets 上单击右键，选择 Import Package 下的 Custom Package 命令，将素材中的 firewood. unitypackage 资源包导入进来。

火焰效果

（2）在 Hierarchy 视图中单击右键，选择 3D Object 下的 Plane 命令，创建一个平面。然后将导入的资源包展开，找到 model 下的 modelBonfire 模型，放置在场景中。

（3）在 Hierarchy 视图中单击右键，选择 3D Object 下的 Cylinder 命令，创建一个圆柱体。

（4）选择 Main Camera，在 Inspector 视图 Camera 组件中，将 Background 背景颜色设置为黑色，Clear Flags 设置为 Solid Color，即将 Game 窗口的背景颜色设置为黑色。调整 Cylinder 和 modelBonfire 模型的位置，如图 3-142 所示。

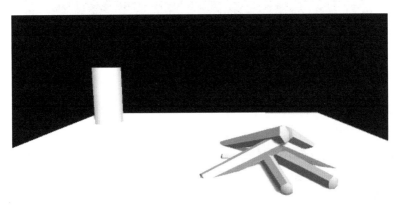

图 3-142　场景中的模型摆放

（5）将 Bonfire 材质赋给 modelBonfire 模型，将 Floor 材质赋给 Plane，在 Assets 视图中单击右键，选择 Create 下的 Material 命令，新建一个材质球，设置其颜色为红色，赋给 Cylinder，效果如图 3-143 所示。

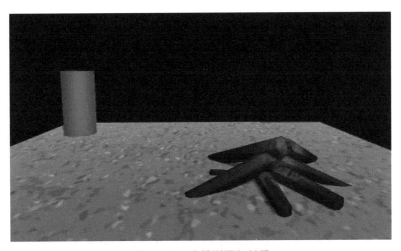

图 3-143　为模型添加材质

（6）在 Hierarchy 视图中新建一个粒子系统，将其调整到蜡烛的上方，将 Fire 材质赋给粒子系统。

（7）选择粒子系统，在 Inspector 视图中更改材质的显示效果，设置 Rendering Mode（渲染模式）为 Additive，如图 3-144 所示。

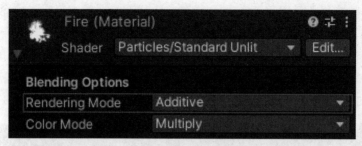

图 3-144 设置粒子材质的显示效果

（8）在 Inspector 视图中选择 Particle System（粒子系统基本模块），设置 Duration（粒子持续时间）值为 1，Start Lifetime（生命周期）值为 1，Start Speed（初始速度）值为 1.5，Start Size（初始大小）设置为 Random Between Two Constants（在两个常数间随机），值为 0.5~0.8，Gravity Modifier（重力）值为 -0.4，如图 3-145 所示。

（9）在 Emission（发射）模块中，设置 Rate over Time（每秒发射粒子数量）值为 40，如图 3-146 所示。

（10）在 Shape（形状）模块中，设置 Angle（发射器角度）值为 0，Radius（半径）值为 0.2，如图 3-147 所示。

（11）在 Size over Lifetime（生命周期大小）模块中，设置粒子的大小是逐渐减小的，如图 3-148 所示。

（12）在 Color over Lifetime（生命周期颜色）模块中，设置粒子在生命周期内的颜色如图 3-149 所示，蜡烛的火焰制作完成。

（13）制作篝火效果。将蜡烛火焰粒子系统复制移动到火堆上，在 Inspector 视图中选择 Particle System（粒子系统基本模块），设置 Start Speed（初始速度）值为 3，Start Size（初始大小）设置为 Constants（常数）值为 1，Gravity Modifier（重力）值为 0，如图 3-150 所示。

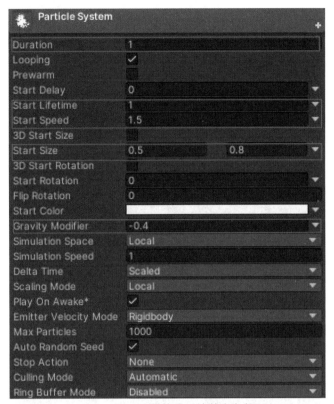

图 3-145　设置粒子系统基本参数

图 3-146　设置粒子发射模块参数

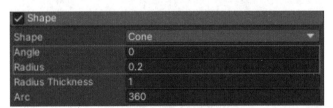

图 3-147　设置形状发射模块参数

图 3-148　设置生命周期大小模块参数

图 3-149　设置生命周期颜色模块参数

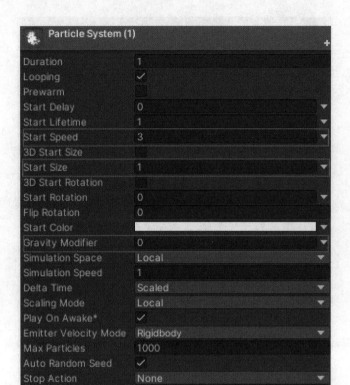

图 3-150　设置基本模块参数

（14）在 Shape（形状）模块中，设置 Radius（半径）值为 0.5，让火苗更宽一些，如图 3-151 所示。

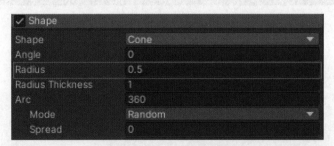

图 3-151　设置形状模块参数

（15）在 Emission（发射）模块中，设置 Rate over Time（每秒发射粒子数量）值为 200，如图 3-152 所示。

图 3-152　设置发射模块参数

（16）在 Color over Lifetime（生命周期颜色）模块中，更改粒子在生命周期内的颜色，如图 3-153 所示，火堆燃烧效果制作完成。

图 3-153　更改生命周期颜色参数

项目总结与评价

粒子系统既可以游戏对象的形式创建，也可以组件的形式创建，本项目通过绽放的礼花、燃烧的蜡烛和篝火效果介绍了粒子系统的使用方法。粒子系统的参数比较多，在学习时需要重点理解各模块的作用以及常用参数的用法，方便制作出更精美的特效。

粒子特效评价表

评价内容	评价分值	评价标准	得分	扣分原因
任务 1 绽放的礼花	50	1. 粒子系统创建是否正确 2. 是否会调整天空黑色背景 3. 礼花效果能否正确实现，效果美观		
任务 2 火焰效果	50	1. 是否会调整火焰材质的渲染模式 2. 是否会制作烛火效果 3. 是否会制作篝火效果		

项目十五　寻路技术——导航寻路动画

项目概述

"北斗"卫星导航系统作为中国自主研发的卫星导航系统，可以为用户提供高精度、全天时、全天候的导航、定位、授时和通信等服务，已成为我国信息化建设的重要组成部分。

在智能手机、平板电脑、车载导航等与人们生活息息相关的产品中，到处都可以见到"北斗"导航提供的精确定位与导航服务，极大地方便了人们的生活。在游戏中，也经常会遇到角色自行走到目的地上交任务、行走过程中主动避开障碍物或在指定的地盘中进行守卫等，这些依赖 Unity 提供的导航寻路技术。寻路设计需要使用人工智能技术，提前做好规划，以提供良好的用户体验，达到最佳效果。本项目将介绍 Unity 中的寻路技术，完成的部分案例效果如图 3-154 所示。

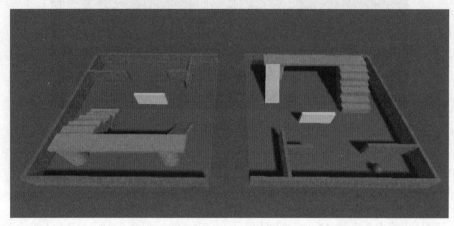

图 3-154　寻路动画展示

项目实现

任务 1　定点寻路

（1）新建 Unity 项目，布置好如图 3-155 所示的游戏场景，场景中，红色和黄色小球代表游戏中的角色，浅蓝色的立方体为两个小球移动的目标点，两个深蓝色的 Cube 代表桥。

图 3-155　布置游戏场景

定点寻路

（2）选中黄色的小球，在 Inspector 视图中单击 Add Component 命令，为其添加 Nav Mesh Agent 组件，如图 3-156 所示。

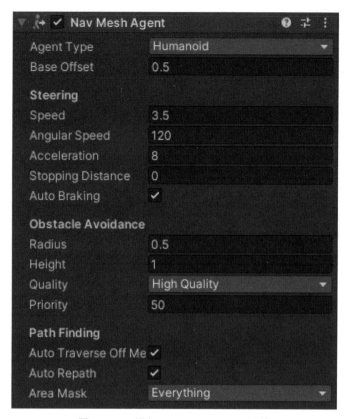

图 3-156　添加 Nav Mesh Agent 组件

知识链接

　　Nav Mesh Agent（导航网络代理器）组件：将其挂载到需要进行寻路的对象上，可实现对指定对象自动寻路的代理。需要注意的是，如果使用代理器移动角色，角色将忽略一切碰撞，也就是说，如果查到没有进行路网烘焙或没有使用 Nav Mesh Obstacle 组件的物体即使带有碰撞器，角色在移动时也会穿过这个物体。其常用参数解释如下：

- Base Offset：代理器相对导航网格的高度偏移。
- Streering：行动控制。
- Speed：代理器移动的最大速度。
- Angular Speed：代理器角速度。
- Acceleration：代理器加速度。
- Stopping Distance：代理器距离目标点小于多远距离后便停止移动。
- Auto Braking：是否自动停止无法到达目标点的路线。
- Obstacle Avoidance：躲避障碍参数。
- Radius：半径。
- Height：高度。

- Quality：质量。
- Priority：优先级。
- Path Finding：路径寻找。
- Auto Traverse Off Mesh Link：是否自动穿过自定义路线。
- Auto Repath：行进过程中，原有路线发生变化时，是否重新开始寻路。
- Auto Mask：自动遮罩。

（3）新建 C#脚本 fixedpoint，为其添加代码如下：

```csharp
using UnityEngine.AI;
public class fixedpoint : MonoBehaviour
{
    public GameObject target;//声明游戏物体
    private NavMeshAgent agent;//声明导航网格代理器
    void Start()
    {
        agent = GetComponent<NavMeshAgent>();//获取导航网格代理器组件
        agent.destination = target.transform.position;//设置角色移动的位置
    }
}
```

（4）为黄色的小球添加 fixedpoint 脚本，并将浅蓝色的 Cube 添加到脚本的 Target 处，如图 3-157 所示。

图 3-157　添加目标物体

（5）将地面、桥、台阶选中，在 Inspector 视图中，勾选 Static，即将它们都设置为静态物体。

（6）单击 Window 菜单，选择 AI 下的 Navigation 命令，在打开的 Navigation 视图中，选择 Bake 选项卡，设置其中的参数如图 3-158（a）所示（由于场景不同，此处参数设置也不相同，可根据实际情况自行调整）。然后单击 Bake 按钮，烘焙完成的场景如图 3-158（b）所示，此时，黄色小球可以移动到目标点附近。

（7）选中红色 Cube，在 Inspector 视图中单击 Add Component 按钮，为其添加 Off Mesh Link 组件，Start 处添加红色 Cube，End 处添加粉色 Cube，分别代表小球飞行路线的起点和终点，如图 3-159 所示。此时运行游戏，黄色小球可以通过红色方块跳跃到台阶上移动到目标物体处。

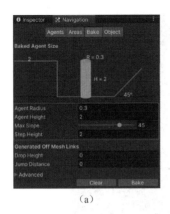

(a)

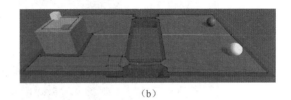

(b)

图 3-158　烘焙场景

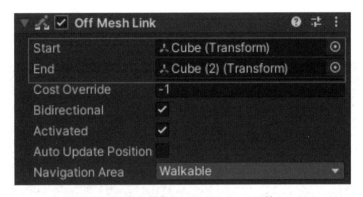

图 3-159　添加 Off Mesh Link 组件

知识链接

　　Off Mesh Link（分离网格链接）组件：可以让代理器在两个彼此分离的物体间进行寻路。其参数解释如下：

- Start：分离网格链接的开始点物体。
- End：分离网格链接的结束点物体。
- Cost Override：开销覆盖。
- Bidirectional：是否允许代理器在开始点和结束点之间双向移动。
- Activated：是否激活该路线。
- Auto Update Position：如果开始点和结束点发生移动，那么路线也会随之发生变化。
- Navigation Area：设置该导航区域为可行走、不可行走和跳跃三种状态。

　　（8）同理，为红色的小球添加同样的操作。红色小球和黄色小球一样，都能到达目标点，且会自动寻找最短路径。

　　（9）制作红色小球必须通过上面的桥进行行走。在 Navigation 视图中，单击 Areas 选项卡，设置两个桥的名称分别为 frontbridge 和 backbridge，如图 3-160 所示。

图 3-160　设置两个桥的名称

（10）选中上面的桥，单击 Navigation 视图的 Object 选项卡，在 Navigation Area 处，设置导航区域为 frontbridge，如图 3-161 所示。同理，设置下面的桥导航区域为 backbridge。

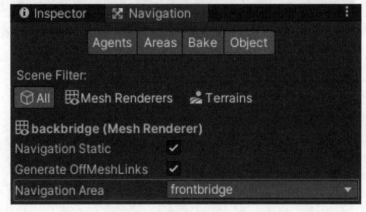

图 3-161　设置桥对应的导航区域

（11）选中红色小球，在 Inspector 视图中找到 Nav Mesh Agent 组件，在 Area Mask 处将 backbridge 取消，如图 3-162 所示。

（12）同理，可为黄色小球设置导航区域为 backbridge，此处若不设置，则黄色小球会自动寻找最短路线。

（13）设置好后，在 Navigation 视图中重新对路网进行烘焙，运行游戏，可以看到两个小球都可以按照规划好的路线行走。

任务 2　自动寻路

（1）新建 Unity 项目，布置好如图 3-163 所示场景。

（2）利用 Animation 动画为中间的粉色 Cube 制作旋转动画效果。

（3）将地板和楼梯选中，在 Inspector 视图中勾选 Static，将它们设置为静态物体。

自动寻路

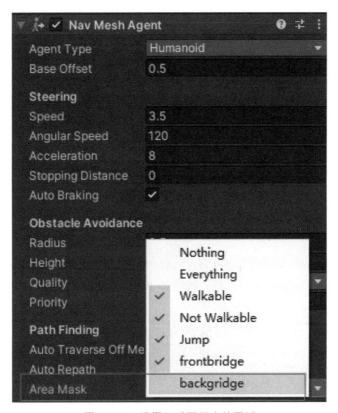

图 3-162　设置红球可行走的区域

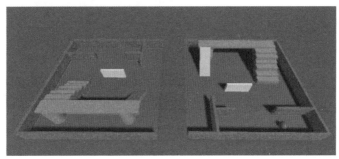

图 3-163　布置场景

（4）选中中间的蓝色 Cube 和旋转的粉色 Cube，在 Inspector 视图中，单击 Add Component，为其添加 Nav Mesh Obstacle 组件，如图 3-164 所示。

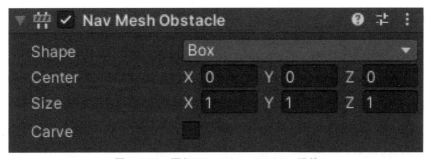

图 3-164　添加 Nav Mesh Obstacle 组件

Nav Mesh Obstacle（导航网格障碍物）组件：由于代理器在移动过程中会忽略所有的碰撞体，所以，在寻路过程中可能出现代理器穿过其他对象的现象。导航网格对于固定的障碍物，开发时可以通过路网烘焙的方式使代理器无法穿透，但对于移动的障碍物是无法进行烘焙的，因此，Unity 提供了 Nav Mesh Obstacle 组件来对动态障碍物进行支持，使代理器能够与其发生正常碰撞。其参数解释如下：

- Shape：碰撞器的形态。
- Center：动态障碍物碰撞器中点的位置。
- Size：动态障碍物碰撞器的尺寸。
- Carve：是否允许被代理器穿入。

（5）选中红色小球，为其添加 Nav Mesh Agent（导航网格代理器）组件。

（6）新建 C#脚本 AINavigation，编写代码如下：

```
using UnityEngine.AI;
public class AINavigation : MonoBehaviour
{
    public GameObject target;
    private NavMeshAgent agent;
    void Start()
    {
        agent=GetComponent<NavMeshAgent>();
    }
    void Update()
    {
        if(Input.GetMouseButton(0)) //判断是否按下鼠标
        {
            Ray ray=Camera.main.ScreenPointToRay(Input.mousePosition);/* 发射
一条从屏幕到鼠标单击位置的射线,并将信息存储在 hit 中 */
            RaycastHit hit;
            if(Physics.Raycast (ray,out hit))//如果检测到射线,就将物体移动到 hit 的位置
            {
                agent.destination=hit.point;
            }
        }
    }
}
```

（7）为红色小球添加 AINavigation 脚本。

（8）单击 Window 菜单，选择 AI 下的 Navigation 命令，在打开的 Navigation 视图中，选择 Bake 选项卡，设置对应的参数并烘焙当前的场景，此时，小球可以正常移动，但无法移动到另外一侧地面上。

（9）在场景中添加两个圆柱体，如图 3-165 所示。

（10）为小球一侧的圆柱体添加 Off Mesh Link（分离网格链接）组件，并将 Start 和 End 对应的游戏物体添加上，如图 3-166 所示。

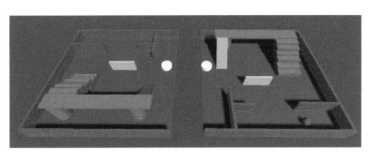

图 3-165 添加进行飞跃的圆柱体

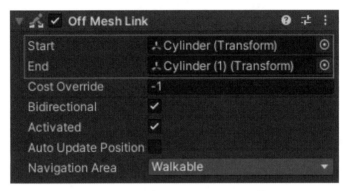

图 3-166 添加 Off Mesh Link 组件

（11）因为两个圆柱体是不需要渲染的，因此，在 Inspector 视图中取消勾选 Mesh Renderer 组件。

（12）再次烘焙场景，运行游戏，小球自动寻路的动画制作完成。

任务 3 固定寻路

（1）制作固定顺序寻路动画。新建 Unity 项目，布置如图 3-167 所示的寻路场景，其中，黄色的 Cube 相当于游戏中的 NPC，需要在一定区域内进行寻路，红色的小球用来标识 NPC 寻路的路线。

固定寻路

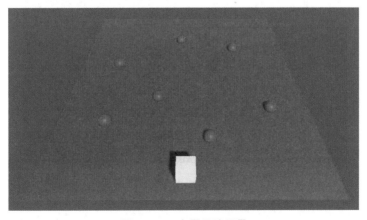

图 3-167 布置寻路场景

（2）选中平面，在 Inspector 视图中勾选 Static，将其设置为静态物体。

（3）选中 Cube，在 Inspector 视图中单击 Add Component 按钮，为其添加 Nav Mesh Agent 组件。

（4）新建 C#脚本 fixedNavigation，代码如下：

```
using UnityEngine.AI;
public class fixedNavigation : MonoBehaviour
{
    public NavMeshAgent na;
    public Transform[] targetPos;//目标点
    public int pointIndex; //数组下标
    void Start()
    {
        na.SetDestination(targetPos[0].position);//让代理器移动到第一个目标点的位置
    }
    void Update()
    {
        if(na.remainingDistance<0.5f)/*当角色距离目标点距离<0.5,让角色移动到下一
个目标点 */
        {
            pointIndex=(pointIndex+1) % targetPos.Length;
            na.SetDestination(targetPos[pointIndex].position);
        }
    }
}
```

（5）为 Cube 添加 fixedNavigation 脚本，单击 Inspector 视图右侧的锁头图标，将该视图锁定，将 Cube 添加到脚本 Na 位置处，将所有的 Point 选中拖曳到 Target Pos 处，如图 3-168 所示。

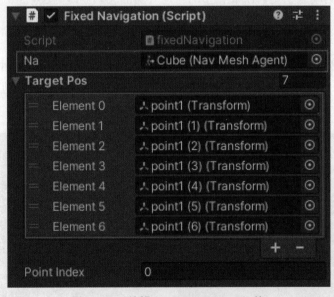

图 3-168　编辑 Fixed Navigation 组件

（6）单击 Window 菜单，选择 AI 下的 Navigation 命令，在打开的 Navigation 视图中选择 Bake 选项卡，设置相应的参数，烘焙当前场景，此时可以实现按指定顺序寻路的效果。

（7）制作固定区域寻路动画。将上面的脚本修改如下：

```
using UnityEngine.AI;
public class fixedNavigation : MonoBehaviour
{
    public NavMeshAgent na;
    public Transform[] targetPos;
    public int random_pointIndex;//随机下标
    void Start()
    {
        na.SetDestination(targetPos[0].position);
    }
    void Update()
    {
        if (na.remainingDistance<0.5f)
        {
            random_pointIndex=Random.Range(0,targetPos.Length);//获取随机下标
            na.SetDestination(targetPos[random_pointIndex].position);/*让角色
移动到随机下标所代表的目标点位置*/
        }
    }
}
```

（8）运行游戏，角色在目标点区域内进行随机寻路。

项目总结与评价

　　角色是游戏的灵魂，角色的各种行为决定着游戏剧本的走向。本项目以小球的定点寻路、自动寻路和固定寻路模拟游戏中玩家或 NPC 的各种移动效果，在学习中要重点掌握三个导航寻路组件 Nav Mesh Agent、Nav Mesh Obstacle 以及 Off Mesh Link 的区别及使用方法。

导航寻路动画评价表

评价内容	评价分值	评价标准	得分	扣分原因
任务 1 定点寻路	35	1. 是否掌握 Nav Mesh Agent 组件的使用方法 2. 是否能够正确进行路网烘焙 3. 是否掌握 Off Mesh Link 组件的使用方法 4. 是否能够实现定点寻路功能 5. 是否能够实现按指定路径寻路功能 6. 是否能够实现飞行路线功能		
任务 2 自动寻路	30	1. 是否掌握 Nav Mesh Obstacle 组件的使用方法 2. 是否会制作路网中的障碍物 3. 是否会编写脚本实现自动寻路功能		

评价内容	评价分值	评价标准	得分	扣分原因
任务3 固定寻路	35	1. 是否能够实现固定顺序寻路功能 2. 是否能够实现固定区域寻路功能		

项目十六 背包系统——物品拾取动画

项目概述

在游戏中，角色在拾取到物体后，都要放到物品栏中，以便后期使用，这就是背包系统。对游戏设计师来说，设计背包系统时，如何让玩家快速找到自己所需的物品，做到井然有序，要有清晰的条理和规划；对玩家来说，如何将物品合理分配到空间中，众多的物品如何选取才能最大限度节约空间，则要具有很强的分配规划能力以及空间思维。同样，规划也是人生中不可或缺的一部分，它可以帮助更好地掌控自己的未来，提高效率和管理能力，让我们更积极地追求自己的梦想和目标。本项目将通过物品拾取动画介绍背包系统的制作方法，案例效果如图 3-169 所示。

图 3-169 背包系统展示

项目实现

任务1 制作要拾取的物体

（1）新建 Unity 项目，将 object.unitypackage 导入 Assets 文件夹中，将 Models 文件夹中的 Diamond、flower、Gun 三个模型放到场景中，并调整其大小。

（2）在 Hierarchy 视图中创建一个 Capsule 和一个 Plane，调整 Plane 的

制作要拾取的物体

大小，然后将所有的物体放置在平面上。

（3）找到 Materials 文件夹中的材质球，为场景中的物体添加材质，如图 3-170 所示。

图 3-170 为场景中的物体添加材质

（4）选中 Gun 游戏物体，在 Inspector 视图中单击 Layer 下拉列表，选择 Add Layer，设置一个层名称 object，如图 3-171 所示。

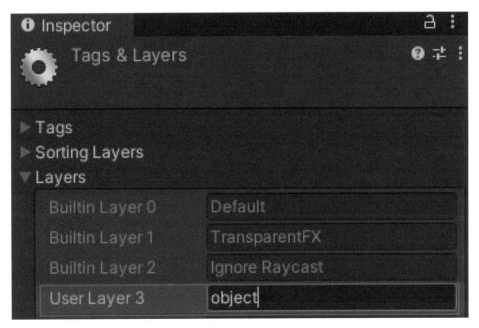

图 3-171 设置层名称

（5）将 4 个游戏物体选中，在 Inspector 视图 Layer 下拉列表中选择刚设置的名称 object，如图 3-172 所示。

（6）选择 Gun，在 Inspector 视图中单击 Add Component 按钮，选择 Box Collider，为枪添加碰撞体。同理，为 Diamond 添加 Sphere Collider，为 flower 添加 Capsule Collider。

（7）将给出素材中的 pic1.jpg、pic2.jpg、pic3.jpg、pic4.jpg 4 幅图片导入 Assets 文件夹

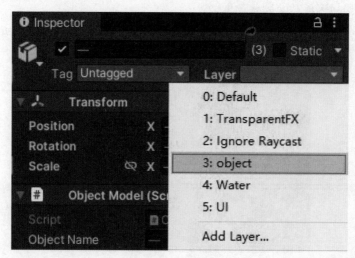

图 3-172 设置层名称

中，并将图片的 Texture Type 类型设置为 Sprite（2D and UI），单击 Apply 按钮，即可将4 幅图片转换为精灵图片。

（8）新建一个 C#脚本 ObjectModel，代码如下：

```
using System;
public class ObjectModel : MonoBehaviour
{
    public Guid ObjectID=Guid.NewGuid();//存放游戏物体的 ID
    public string ObjectName=string.Empty;//存放游戏物体的名字
    public ObjectType Type;//游戏物体的类型
    public Sprite Icon;//游戏物体对应的图片
    public string Information;//游戏物体的信息
    public enum ObjectType
    {
        武器,
        药品,
        材料,
        装饰品
    }
}
```

（9）为4 个游戏物体添加 ObjectModel 脚本。选择 Gun，在 Inspector 视图的脚本组件处，设置 Object Name 为"手枪"，Icon 为手枪图片 pic2，Information 为"杀人的武器，可装备。"，如图 3-173 所示。

（10）用同样的方法为其余 3 个物体设置对应的属性，Capsule 的脚本属性参数如图 3-174 所示，flower 的脚本属性参数如图 3-175 所示，Diamond 的脚本属性参数如图 3-176 所示。

任务2 背包界面设计与功能实现

（1）制作背包界面。新建 Image，名为 ToolBox，在 Inspector 视图中 Rect Transform 组件

图 3-173　Gun 的脚本属性参数

图 3-174　Capsule 的脚本属性参数

图 3-175　flower 的脚本属性参数

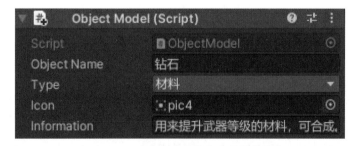

图 3-176　Diamond 的脚本属性参数

处设置其 Width 值为 420，Height 值为 220，在 Image 组件处设置 Color 的颜色为棕色，即 Image 的背景颜色，并调整其摆放位置在左下角，参数设置如图 3-177 所示。

（2）在 ToolBox 下新建一个子物体 Image，名字为 Cubes，在 Inspector 视图中 Rect Transform 处设置其距四周的距离均为 10，如图 3-178 所示。

（3）选中 Cubes，在 Inspector 视图中单击 Add Component 按钮，为其添加一个 Grid Layout Group 组件，如图 3-179 所示。

图 3-177　设置 Image 的参数

图 3-178　设置 Cubes 的位置参数

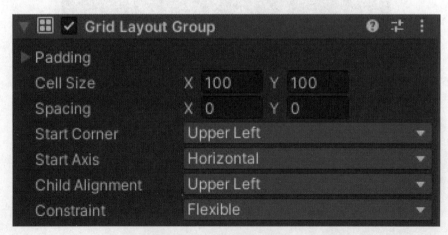

图 3-179　添加 Grid Layout Group 组件

知识链接

Grid Layout Group（网格布局）组件：将其子布局放置在网格中。其参数解释如下：

- Padding：矩形偏移。
- Cell Size：网格中每个单元格的大小。
- Spacing：每个单元格间的距离。
- Start Corner：第一个单元格放置的位置。
- Start Axis：主要沿哪个轴放置单元格。
- Child Alignment：单元格的对齐方式。
- Constraint：将网格约束为固定的行和列。

（4）为 Cubes 添加子物体 Image，名字为 cubeItem，在 Image 组件 Color 属性处设置其背景颜色为深灰色。

（5）为 cubeItem 添加子物体 icon，在 Inspector 视图中 Rect Transform 处设置其距四周的距离均为 10，此时的背包界面如图 3-180 所示。

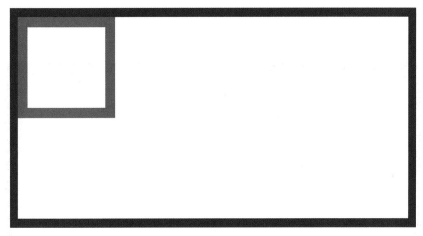

图 3-180　添加了 icon 后的背包界面

（6）新建一个 C#脚本 CubeModel，代码如下：

```
using UnityEngine.UI;
public class CubeModel : MonoBehaviour
{
    public Image imageIcon;
    private ObjectModel obj;
    public ObjectModel objectModel
    {
        get { return obj; }
        set
        {
            if(value ! =null)
            {
```

```
                    imageIcon.sprite=value.Icon;
                    obj=value;
                }
            }
        }
    }
```

（7）为 cubeItem 添加 CubeModel 脚本，并将 icon 游戏物体放在 Image Icon 处，如图 3-181 所示。

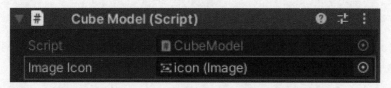

图 3-181　为 cubeItem 添加脚本组件

（8）选中 cubeItem 游戏物体，按 Ctrl+D 组合键将其复制 7 个，背包的空格就制作完成了，效果如图 3-182 所示。

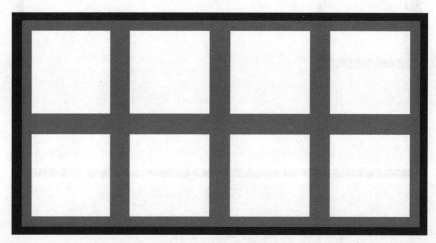

图 3-182　背包界面

（9）制作显示物品信息的界面。在 ToolBox 下新建子物体 Image，名字为 infor，设置其 Width 值为 300，Height 值为 100，调整其位置为背包界面上方，颜色为深灰色。

（10）在 infor 下新建子物体 Image，名字为 bg，在 Inspector 视图中 Rect Transform 处设置其距四周的距离均为 10。

（11）在 bg 下新建子物体 Text，在 Inspector 视图中 Rect Transform 处设置其距四周的距离均为 2，将 Text 中的文字删除，设置其字体和字号，此时游戏界面如图 3-183 所示。

（12）实现背包功能。新建一个 C#脚本 Objectselector，代码如下：

图 3-183 设置好背包的游戏界面

```
using UnityEngine.Events;
public class Objectselector : MonoBehaviour
{
    public Camera mCamera;
    public LayerMask castLayer;//碰撞层
    private Transform currentSelect;
    public UnityAction<ObjectModel>onSelectObject;
      void Update()
    {
        if(Input.GetMouseButtonUp(0))
        {
            Ray ray=mCamera.ScreenPointToRay(Input.mousePosition);/*发射一条到
鼠标单击点的射线*/
            RaycastHit hit;//射线碰撞到的信息存储在 hit 中
            if(Physics.Raycast (ray,out hit,Mathf.Infinity,castLayer))
            {
                Transform target=hit.transform;
                if(onSelectObject ! =null)
                {
                    onSelectObject(target.GetComponent<ObjectModel>());
                }
            }
        }
    }
}
```

（13）新建一个空物体，并为其添加 Objectselector 脚本，为 M Camera 添加主摄像机 Main Camera，碰撞层 CastLayer 设置为 UI 和 object，如图 3-184 所示。

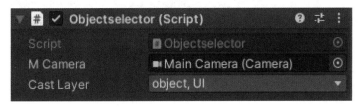

图 3-184 空物体脚本组件参数

（14）新建一个 C#脚本 ToolBoxController，代码如下：

```
using UnityEngine.UI;
public class ToolBoxController : MonoBehaviour
{
    public List<CubeModel>list_cubes;
    public Text txtInformation;
    public Objectselector objectSelector;
    void Start()
    {
        if(list_cubes.Count==0)//判断列表是否为空
        {
            CubeModel[] cubes=GameObject.FindObjectsOfType<CubeModel>();
            foreach (CubeModel i in cubes)
            {
                list_cubes.Add(i);
            }
        }
        objectSelector.onSelectObject+=PickUp;
    }
    void PickUp(ObjectModel obj)//执行拾取功能
    {
        foreach (var item in list_cubes)
        {
            if (item.objectModel==null)
            {
                item.objectModel=obj;
                break;
            }
        }
        txtInformation.text=obj.ObjectName+"\n"+ obj.Information;
    }
}
```

（15）为 ToolBox 添加 ToolBoxController 脚本，将 info 下的子物体 Text 添加到 Txt Information 处，将空物体添加到 Object Selector 处，如图 3-185 所示。运行游戏，每单击一个物体，背包中即可显示相应物品的信息，游戏制作完成。

图 3-185　ToolBox 脚本组件参数

项目总结与评价

本项目以物品拾取动画为例，重点介绍了背包界面的制作以及物品拾取功能的实现方法。其中，背包界面的制作主要应用了 Image 图片及 Grid Layout Group 组件，物品拾取功能是通过脚本完成的，前提是被拾取的物体一定要添加碰撞体，这些都是游戏中经常用到的技术，希望读者能够举一反三，进一步完善背包的其他功能。

物品拾取动画评价表

评价内容	评价分值	评价标准	得分	扣分原因
任务 1 制作要拾取的 物体	30	1. 物品摆放及属性调整是否正确 2. 物品是否正确添加碰撞体 3. 是否设置了层名称 4. 脚本编写是否正确		
任务 2 背包界面设计与 功能实现	70	1. 背包界面设置是否完成、效果美观 2. UI 应用是否正确，位置是否合理 3. 物品拾取后是否能正确显示在背包中 4. 物品拾取后是否能出现物品信息		

模块小结

本模块将制作游戏界面与动画特效所涉及的知识融入具体项目中，以专题的形式详细讲解了 UGUI 系统、动画系统、地形引擎、声光技术、粒子系统、寻路技术、背包系统七个功能模块的知识以及它们在游戏设计中的应用技巧，希望读者在进行游戏开发时，能够从游戏玩家的角度出发，将游戏设计得更加美观、有创造力，同时应注意遵循游戏的开发规范，担起游戏作为娱乐文化传播的社会责任。

 课后习题

一、单选题

1. 游戏的开始界面中，想要制作一个输入密码的对话框，需要用（　　　）。

A. Toggle　　　　　　B. Image　　　　　　C. InputField　　　　　　D. Button

2. 游戏的设置界面中，想要制作一个可以拖动调节音量的滑块，需要用（　　　）。

A. Toggle　　　　　　B. Slide　　　　　　C. InputField　　　　　　D. Button

3. 制作天空盒需要使用（　　　）张能够无缝拼接的天空纹理图。

A. 3　　　　　　　　　B. 4　　　　　　　　　C. 5　　　　　　　　　D. 6

4. 系统天空盒 Procedural 的参数中，用来设置天空颜色的是（　　　）。

A. Sun Size

B. Atmosphere Thickne

C. Sky Tint

D. Ground

5. 导航网格（NavMesh）是（   ）。

A. 一种用于描述相机轨迹的网格

B. 一种用于实现自动寻址的网格

C. 一种被优化过的物体网格

D. 一种用于物理碰撞的网格

6. 四种类型的灯光只能用于烘焙的是（   ）。

A. Point Light   B. Spot Light   C. Direction Light   D. Area Light

7. 如果需要让一个动态物体也能模拟出全局光照的效果，需要用到（   ）。

A. 动画系统   B. 反射探头   C. 光照探头   D. 物理引擎

8. Application. loadLevel 命令为（   ）。

A. 加载关卡   B. 异步加载关卡   C. 加载动作   D. 加载动画

9. 下列选项中有关 Animator 的说法，错误的是（   ）。

A. Animator 是 Unity 引擎中内置的组件

B. 任何一个具有动画状态机功能的 GameObject 都需要一个 Animator 组件

C. 它主要用于角色行为的设置，包括 StateMachine、混合树 BlendTrees 以及通过脚本控制的事件

D. Animator 与 Animation 组件的用法是相同的

10. 如果将一个声音剪辑文件从 Project 视图拖曳到 Inspector 视图或者 Scene 视图中的游戏对象上，该游戏对象会自动添加（   ）组件。

A. Audio Listener

B. Audio Clip

C. Audio Source

D. Audio Reverb Zone

11. 镜面反射的效果是通过（   ）来实现的。

A. 反射探头   B. 光照探头   C. 后处理系统   D. 天空盒

12. 制作一个三维角色跳舞的视觉展示需要用到的系统是（   ）。

A. 动画系统   B. UI 系统   C. 粒子系统   D. 网络系统

13. 制作一个火焰燃烧的效果需要用的系统是（   ）。

A. 网络系统   B. 粒子系统   C. UI 系统   D. 动画系统

二、多选题

1. Unity 游戏引擎支持的音频格式有（   ）。

A. AIFF   B. WAV   C. MP3   D. OGG

2. 音频源音量的衰减模式为（   ）三种。

A. 普通衰减   B. 对数衰减   C. 线性衰减   D. 自定义衰减

3. 以下对反射探头"实时渲染模式"的描述，正确的是（   ）。

A. 性能的消耗很大

B. 性能消耗可以忽略不计

C. 会产生出实时反射的效果

D. 以上都不对

4. 以下（   ）会影响光照效果。

A. 物理重力   B. 环境光   C. 自发光材质   D. 灯光颜色

5. 关于光照贴图，说法正确的是（　　）。

A. 适用光照贴图比适用实时光源渲染快

B. 可以降低游戏内存消耗

C. 可以在某种程度上增加场景真实感

D. 多个物体可以使用同一张光照贴图

6. Unity 集成开发环境的雾特效有（　　）三种模式。

A. Linear 线性模式

B. Exponential 指数模式

C. Log 对数模式

D. Exponential Squared 指数平方模式

三、判断题

1. 粒子系统只能以游戏对象的形式存在。　　　　　　　　　　　　　　（　　）

2. 音频侦听器 Audio Listener 一般挂载到摄像机上。　　　　　　　　　（　　）

3. 烘焙模式下的光源无法影响到静态对象。　　　　　　　　　　　　　（　　）

4. 导航网格中对于动态的障碍物，需要使用 Nav Mesh Obstacle 组件。　（　　）

5. 使用代理器移动角色时，遇到没有使用 Nav Mesh Obstacle 组件的物体时，只有为其添加碰撞器，才能避免角色穿透该物体。　　　　　　　　　　　　　　（　　）

6. 导航寻路中的路网烘焙只能烘焙标记为静态的物体。　　　　　　　　（　　）

7. 一个动画状态机中只能包含一个动画状态单元或子动画状态机。　　　（　　）

8. 定向光源 Directional Light 在场景中的位置如果发生改变，它的光照效果并不会发生任何改变。　　　　　　　　　　　　　　　　　　　　　　　　　　　　（　　）

四、简答题

1. Unity 中创建粒子系统有哪两种方式？

2. Unity 提供了几种光源？分别是什么？

3. 为什么 Unity 会出现组件上数据丢失的情况？

4. GameObject 和 Assets 的区别与联系。

5. 将图片的 TextureType 选项分别选为 Texture 和 Sprite 有什么区别？

五、操作题

1. 尝试在地形中创建地洞。

2. 练习制作音乐播放器。

3. 为游戏场景添加烟雾效果。

4. 练习制作迷宫动画。

项目篇

模块四

3D游戏

模块内容导读

3D游戏是指使用空间立体计算技术实现操作的游戏，可以创建具有深度和立体感的虚拟世界，给玩家提供更真实的游戏体验。本项目将综合运用前面学过的技术设计一个《宝石迷宫》案例，通过角色在迷宫中的行走来收集宝石，当达到过关的条件并找到终点视为游戏胜利。

学习目标

（1）掌握 Unity 3D 游戏的制作流程，能够进行创作及输出

（2）掌握粒子系统标准资源的使用方法

（3）能够运用给出的资源搭建游戏场景

（4）能够实现角色的行走及交互控制

（5）能够正确添加音效

（6）能够正确制作 UI 界面并实现界面的跳转

（7）能够实现倒计时功能

（8）能够实现钻石统计功能

（9）能够理解游戏的逻辑

素养目标

（1）勇于面对困难和挑战，培养解决问题的能力

（2）培养艺术设计能力，提升美学修养

（3）遵守游戏规则，树立正确的游戏观

（4）鼓励创新思维，提高创造力和想象力

项目十七　宝石迷宫

　　游戏界面设计要充分保证游戏整体效果的一致性与美观性，《宝石迷宫》游戏界面效果
如图 4-1 所示。

图 4-1　《宝石迷宫》游戏界面效果

图 4-1　《宝石迷宫》游戏界面效果（续）

任务 2　游戏构思设计

1. 游戏功能介绍

小星不小心将宝石遗落在了迷宫内，玩家需要在迷宫中收集至少 10 颗宝石交给小星，帮助小星通过迷宫，但迷宫中有伪装成宝石的炸药，需要小心前行。若碰到炸药或未能收集到足够数量的宝石，则游戏失败，只有收集到足够多的宝石并找到小星，游戏才能通关成功。

2. 游戏流程设计

（1）运行游戏，阅读游戏说明后，单击 Start 按钮，则游戏开始，同时开始计时。

（2）玩家按方向键或按 W、A、S、D 键控制角色移动或转射。

（3）遇到宝石则宝石消失，收集的宝石数目加 1，且播放"叮"的声音。

（4）遇到炸药，宝石爆炸，提示游戏失败，显示出所用的时间及收集到的宝石数量，同时播放失败的音效。

（5）当找到小星且宝石收集的数目大于等于 10 颗，提示游戏胜利，显示出所用的时间及收集到的宝石数量，同时播放胜利的音效。

3. 游戏脚本说明

游戏功能所需的脚本见表 4-1。

表 4-1　游戏脚本

脚本名称	功能介绍
ccMove. cs	控制角色的移动
Jishiqi. cs	实现游戏的计时功能
Tongji. cs	输或赢界面时间与宝石数目显示控制
ColliderCount. cs	实现宝石数目计数、音效播放、爆炸特效播放等功能
Startgame. cs	实现场景跳转

任务 3 ▏游戏项目制作

项目实现

1. 布置场景

（1）新建 Unity 项目，将用到的所有资源导入到 Unity 中，新建一个平面，为其添加材质，用于制作迷宫的地面。

（2）利用给出的资源包 SceneModel. unitypackage 中的 Prefabs（预制体）布置迷宫场景。需要注意，为了保证角色行走时不能穿过墙，需要为所有的预制体添加合适的 Collider 组件，同时为其添加喜欢的材质，如图 4-2 所示。

图 4-2　迷宫场景效果参考

（3）利用给出的资源包 diamond. unitypackage 中的模型和预制体将宝石摆放到场景中，宝石分为两种：一种是可以收集的宝石，一种是炸弹宝石，但所有宝石都要添加合适的 Collider 组件，并勾选 Is Trigger 属性，如图 4-3 所示。

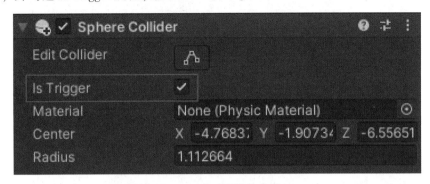

图 4-3　宝石碰撞体参数

（4）添加最终交任务的五角星，该五角星需要添加 Sphere Collider 碰撞体组件和 Rigidbody 刚体组件，取消勾选 Is Trigger，同时调整碰撞体的大小，如图 4-4 所示。

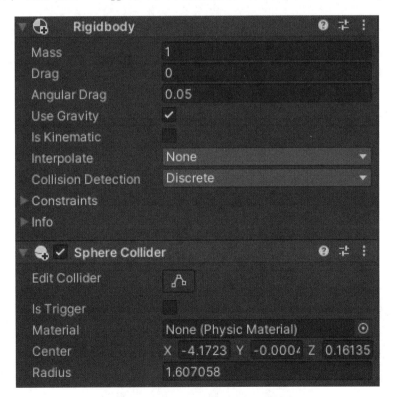

图 4-4　五角星刚体与调整碰撞体参数

（5）将角色 unitychan 放在场景中迷宫入口位置，为角色添加 Character Controller 和 Capsule Collider 组件，同时调整碰撞体的大小，如图 4-5 所示。

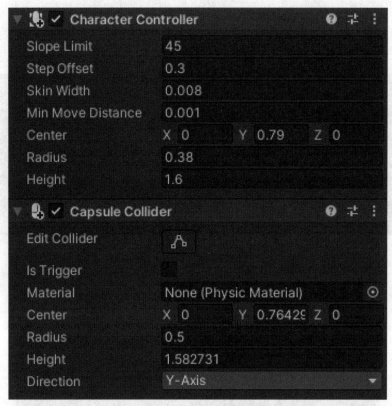

图 4-5 调整角色碰撞器参数

2. 制作角色移动动画

（1）选中 unitychan 角色，为其添加 Animator 组件，将主摄像机 Main Camera 作为 unitychan 角色的子物体，并调整其与角色的距离，保证摄像机始终跟随角色同步移动。

（2）在 Assets 视图中新建 Animator Controller，命名为 chancontroller，并将其放在 Animator 组件的 Controller 处，如图 4-6 所示。

（3）双击进入 chancontroller，创建一个混合树，为其添加两个 Float 类型参数 speedx 和 speedy，如图 4-7 所示。

图 4-6 设置 Animator 组件   图 4-7 设置混合树参数

（4）双击进入混合树，为其添加如图 4-8 所示的动作，实现角色可以向前或向后走。

（5）新建 C#脚本 ccMove，代码如下：

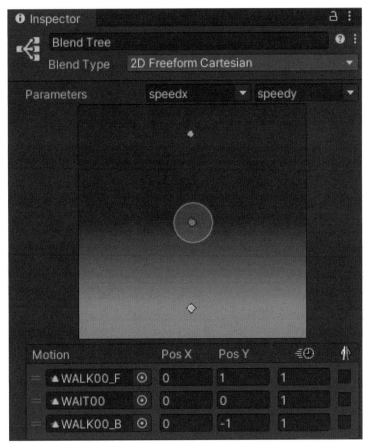

图 4-8　添加混合树动作

```
public class ccMove : MonoBehaviour
{
    private Animator ani;
    public float xDampTime = 0.5f;
    public float yDampTime = 0.5f;
    private CharacterController cc;
    private float movespeed = 1.5f; //移动速度
    private float rotatespeed = 1f; //旋转速度
    void Start()
    {
        ani = GetComponent<Animator>(); //获取动画控制器组件
        cc = GetComponent<CharacterController>(); //获取角色碰撞器组件
    }
    void Update()
    {
        float h = Input.GetAxis("Horizontal");
        float v = Input.GetAxis("Vertical");
```

```
        ani.SetFloat("speedx",h,xDampTime,Time.deltaTime);
        ani.SetFloat("speedy",v,yDampTime,Time.deltaTime);
        cc.Move(transform.forward * v * movespeed * Time.deltaTime);/*上下键控制
角色前后移动 */
        cc.transform.Rotate(Vector3.up,h * rotatespeed,Space.World);/*左右键控
制角色转向 */
        }
}
```

（6）为 unitychan 角色添加 ccMove 脚本。

3. 制作角色捡钻石动画

（1）为所有的钻石设置 Tag 为 diamond，如图 4-9 所示。

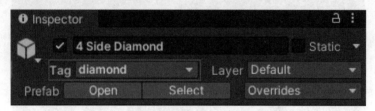

图 4-9　设置钻石标签

（2）同理，为所有的炸弹设置 Tag 为 zhadan，五角星的 Tag 为 star。

（3）用 2 个 Image 制作游戏成功和失败的背景，名字分别为 youwin 和 youlost，用 2 个 Text 来显示最后吃掉的钻石数量和所用的时间。制作游戏成功的界面如图 4-10 所示，游戏失败的界面如图 4-11 所示。

图 4-10　游戏成功界面

图 4-11　游戏失败界面

（4）新建 C#脚本 Jishiqi，代码如下：

```csharp
using UnityEngine.UI;
public class Jishiqi : MonoBehaviour
{
    public int constTime = 0;
    public int minute;
    public int second;
    public Text timetxt;
    void Start()
    {
        StartCoroutine(startTime());
    }
    IEnumerator startTime()
    {
        while (constTime >= 0)
        {
            yield return new WaitForSeconds(1);
            constTime++;
            minute = constTime / 60;
            second = constTime % 60;
        }
    }
    public void OutputTime()
    {
        if(constTime >= 10)
        {
            timetxt.text = "0" + minute + ":" + second;
```

```
        }
        else
        {
            timetxt.text = "0" + minute + ":0" + second;
        }
    }
}
```

（5）新建 C#脚本 Tongji，代码如下：

```
using UnityEngine.UI;
public class Tongji : MonoBehaviour
{
    public Image winimage;
    public Image lostimage;
    public Text zuanshitxt;
    public Text timetxt;
    void Start()
    {
        winimage.enabled = false;
        lostimage.enabled = false;
        zuanshitxt.enabled = false;
        timetxt.enabled = false;
    }
    public void YouWin()
    {
        winimage.enabled = true;
        zuanshitxt.enabled = true;
        timetxt.enabled = true;
        zuanshitxt.text = ColliderCount.count.ToString();/* 调用 ColliderCount 脚本中
的 count 变量,用来显示吃掉宝石的数量 */
    }
    public void YouLost()
    {
        lostimage.enabled = true;
        zuanshitxt.enabled = true;
        timetxt.enabled = true;
        zuanshitxt.text = ColliderCount.count.ToString();
    }
}
```

（6）新建 C#脚本 ColliderCount，代码如下：

```
using UnityEngine.UI;
public class ColliderCount : MonoBehaviour
{
    public static int count = 0;        //吃掉宝石的数量
    public Tongji tongji;       //统计的脚本
    public Jishiqi jishiqi;    //计时器脚本
```

```
    private void OnTriggerEnter(Collider other)
    {
        if (other.tag == "diamond")
        {
            count++;
            Destroy(other.gameObject);
        }
        if (other.tag == "zhadan")
        {
            Destroy(other.gameObject);
            gameObject.GetComponent<ccMove>().enabled = false;
            gameObject.GetComponent<Animator>().enabled = false;
            tongji.YouLost();
            jishiqi.OutputTime();
        }
    }
    private void OnCollisionEnter(Collision collision)
    {
        if (collision.gameObject.tag == "star")
        {
            if (count >= 10)
            {
                tongji.YouWin();
                jishiqi.OutputTime();
                gameObject.GetComponent<ccMove>().enabled = false;
                gameObject.GetComponent<Animator>().enabled = false;
            }
            else
            {
                tongji.YouLost();
                jishiqi.OutputTime();
                gameObject.GetComponent<ccMove>().enabled = false;
                gameObject.GetComponent<Animator>().enabled = false;
            }
        }
    }
}
```

（7）新建一个空物体 tongjiobj，并为其添加 Tongji 和 Jishiqi 脚本，如图 4-12 所示。

（8）为角色添加 ColliderCount 脚本，如图 4-13 所示。此时角色能够实现收集钻石的动作，如果遇到五角星，可以实现游戏成功或失败的界面。

4. 制作爆炸动画

（1）将导入的 ParticleSystems. unitypackage 资源包中 Prefab 下的 Explosion 拖曳到场景中，放在第一个爆炸钻石的位置处。

（2）在 Inspector 视图中，勾选取消 Explosion，即取消该爆炸特效的显示。

（3）打开前面编写的 ColliderCount 脚本，将控制爆炸效果的脚本添加进来，代码更改如下：

图 4-12　添加 Tongji 和 Jishiqi 脚本

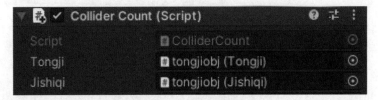

图 4-13　添加 ColliderCount 脚本

```
using UnityEngine.UI;

public class ColliderCount : MonoBehaviour
{
    public static int count = 0;        //吃掉宝石的数量
    public GameObject obj;    //爆炸的粒子
    public Tongji tongji;       //统计的脚本
    public Jishiqi jishiqi;    //计时器脚本

    private void OnTriggerEnter(Collider other)
    {
        if (other.tag == "diamond")
        {
            count++;
            Destroy(other.gameObject);
        }
        if (other.tag == "zhadan")
        {
```

```
            Destroy(other.gameObject);
            obj.SetActive(true);//让爆炸特效显示
            obj.transform.position=other.transform.position;/*让爆炸特效移动到
爆炸宝石的位置处 */
            gameObject.GetComponent<ccMove>().enabled=false;
            gameObject.GetComponent<Animator>().enabled=false;
            tongji.YouLost();
            jishiqi.OutputTime();

        }
    }
    private void OnCollisionEnter(Collision collision)
    {
        if (collision.gameObject.tag=="star")
        {
            if (count>=10)
            {
                tongji.YouWin();
                jishiqi.OutputTime();
                gameObject.GetComponent<ccMove>().enabled=false;
                gameObject.GetComponent<Animator>().enabled=false;
            }
            else
            {
                tongji.YouLost();
                jishiqi.OutputTime();
                gameObject.GetComponent<ccMove>().enabled=false;
                gameObject.GetComponent<Animator>().enabled=false;
            }
        }
    }
}
```

（4）将 Explosion 爆炸特效添加到 Collider Count 组件的 Obj 位置处，如图 4-14 所示。此时运行游戏，当角色遇到炸弹时，会显示相应的爆炸特效。

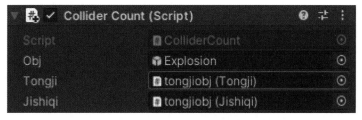

图 4-14　添加 Explosion 爆炸特效

5. 制作音效

（1）给爆炸效果添加音效。为爆炸粒子 Explosion 添加 Audio Source 组件，并将 baozha. wav 声音文件放在 Audio Source 组件的 AudioClip 处，如图 4-15 所示，此时爆炸的声音就能够正常播放。

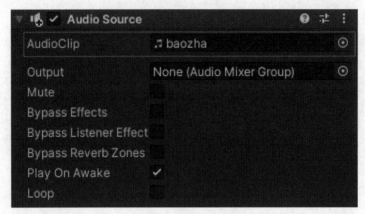

图 4-15　设置爆炸音效

（2）新建空物体 diamondmusic，为其添加 Audio Source 组件，并将 ding. mp3 声音文件放在 Audio Source 组件的 AudioClip 处，取消勾选 Play On Awake，如图 4-16 所示。

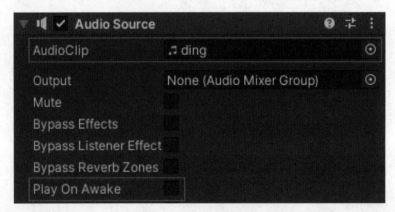

图 4-16　设置宝石音效

（3）用与宝石音效相同的方法制作成功和失败的音效，此处不再赘述。

（4）打开前面编写的 ColliderCount 脚本，将控制音效的脚本添加进来，代码更改如下：

```
using UnityEngine.UI;

public class ColliderCount : MonoBehaviour
{
    public static int count = 0;      //吃掉宝石的数量
    public GameObject obj;    //爆炸的粒子
    public Tongji tongji;     //统计的脚本
```

```
public Jishiqi jishiqi;   //计时器脚本
public GameObject diamondmusic;   //吃宝石音乐
public GameObject successmusic;   //成功音乐
public GameObject failuremusic;   //失败音乐

private void OnTriggerEnter(Collider other)
{
    if (other.tag == "diamond")
    {
        count++;
        Destroy(other.gameObject);
        diamondmusic.GetComponent<AudioSource>().Play();
    }
    if (other.tag == "zhadan")
    {
        Destroy(other.gameObject);
        obj.SetActive(true);
        obj.transform.position = other.transform.position;
        gameObject.GetComponent<ccMove>().enabled = false;
        gameObject.GetComponent<Animator>().enabled = false;
        failuremusic.GetComponent<AudioSource>().Play();
        tongji.YouLost();
        jishiqi.OutputTime();

    }
}
private void OnCollisionEnter(Collision collision)
{
    if (collision.gameObject.tag == "star")
    {
        if (count >= 10)
        {
            tongji.YouWin();
            jishiqi.OutputTime();
            successmusic.GetComponent<AudioSource>().Play();
            gameObject.GetComponent<ccMove>().enabled = false;
            gameObject.GetComponent<Animator>().enabled = false;
        }
        else
        {
            tongji.YouLost();
            jishiqi.OutputTime();
            failuremusic.GetComponent<AudioSource>().Play();
            gameObject.GetComponent<ccMove>().enabled = false;
            gameObject.GetComponent<Animator>().enabled = false;
        }
    }
}
```

（5）在角色的 Collider Count 组件中将对应的游戏物体添加进来，如图 4-17 所示。运行游戏，各项功能已经实现。

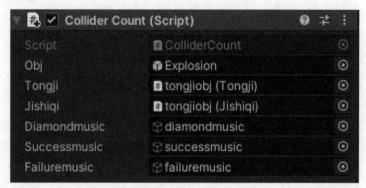

图 4-17　添加游戏物体

6. 制作游戏主界面

（1）新建一个游戏场景，名字为 menuScene。

（2）利用 Image、Button、Text 等制作如图 4-18 所示的开始游戏界面。其中，Text 的内容是"尊敬的勇士，快去迷宫里帮我收集 10 颗宝石交给我吧。我要提醒你的是，迷宫里有炸药，请小心前行。"

图 4-18　开始游戏界面效果

（3）新建 C#脚本 startgame，代码如下：

```
using UnityEngine.SceneManagement;
public class startgame : MonoBehaviour
{
    public void OnStartPressed()
    {
        SceneManager.LoadScene("gameScene");
    }
}
```

（4）新建一个空物体，为其添加脚本 startgame。

（5）删除按钮自带的 Text，在 Inspector 视图中为其添加单击事件，如图 4–19 所示。

图 4–19　添加单击事件

（6）单击 File 菜单下的 Build Settings 命令，将两个场景添加到发布窗口中，如图 4–20 所示。单击 Build 按钮，发布并测试游戏的各项功能，《宝石迷宫》游戏制作完成。

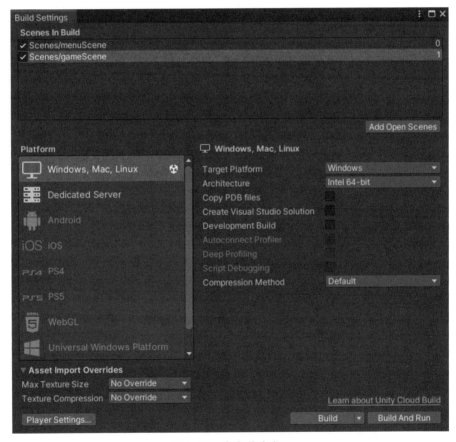

图 4–20　发布游戏窗口

项目总结与评价

本项目综合应用了前面介绍过的各项技术，完成了 3D 游戏《宝石迷宫》的制作，包括资源的导入、预制体及材质的使用、UI 界面的设计、粒子特效及音效的添加、混合树动画的制作、碰撞体及角色控制器的应用以及各种交互功能的实现。希望通过本项目的学习，能够掌握一个基本 3D 游戏的制作流程，并以此为基础，进行各项游戏功能的扩展，例如，要求在限定时间之内找到小星上交宝石，否则判定游戏失败，或者角色加上跑步的动作、增加重玩游戏按钮、开发更高难度的游戏关卡等，读者可以充分发挥自己的想象力和创造力，让游戏设计得更加丰富精彩。同时，要领会游戏传达的深层意义，当人生遇到像迷宫一样的困难时，不要惧怕失败，要有迎难而上的勇气，努力寻找解决问题的路径，最终一定会收获成功的喜悦。

宝石迷宫评价表

评价内容	评价分值	评价标准	得分	扣分原因
场景布置	20	1. 场景布置是否使用了预制体 2. 场景中物体材质应用是否美观 3. 场景整体设计是否合理 4. 场景中物体是否正确添加了碰撞体		
动画实现	20	1. 角色动作动画是否正常实现 2. 摄像机是否实现了角色跟随		
界面设计	10	1. 游戏成功与失败界面是否正常显示，效果是否美观 2. 开始游戏界面是否正常显示，效果是否美观		
特效设计	10	1. 爆炸特效是否正确添加并显示 2. 音效是否能够正常播放		
功能设计	40	1. 角色收集钻石功能实现是否正确 2. 开始游戏场景跳转是否正确 3. 倒计时功能是否实现 4. 是否能正确统计宝石数目 5. 是否能够正常判断游戏输赢并显示相应的界面 6. 遇到炸弹时，游戏是否停止		

模块五

2D游戏

 模块内容导读

Unity 虽然以 3D 功能而闻名，但它也可以用于创建 2D 游戏，2D 游戏画面基于二维平面，通常只有水平和垂直的移动。本项目将以《贪吃蛇》案例的制作为例，介绍 2D 游戏的制作方法。

学习目标

（1）掌握 Unity 2D 游戏的制作流程，能够进行创作及输出

（2）掌握游戏界面大小的调整方法，能够进行游戏界面设计

（3）能够理解游戏的逻辑并实现背景变色、得分统计等相应的功能

素养目标

（1）有坚定的信念，树立面对挑战的决心和勇气

（2）有自我控制和决策能力，学会适应环境

（3）珍惜生命，理解遵守规则的重要性

（4）鼓励创新思维，提高创造力和想象力

项目十八 贪吃蛇

任务 1 游戏界面展示

游戏界面设计要与游戏整体风格相统一，有吸引玩家的创新点，《贪吃蛇》游戏界面效果如图 5-1 所示。

任务 2 游戏构思设计

1. 游戏功能介绍

贪吃蛇游戏分为边界模式和传送模式两种，在游戏中会实时显示蛇的长度及得分，游戏中会存在食物、随机奖励宝箱以及石头三种物体，蛇可以吃食物及宝箱，但不可以碰撞边界（有边界模式）、身体以及石头。在游戏过程中，背景会随着分数的变化而进行颜色的变化。

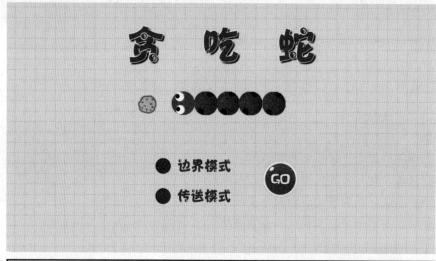

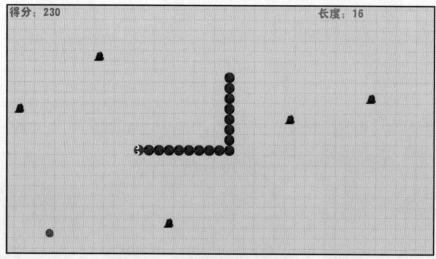

图 5-1 《贪吃蛇》游戏界面效果

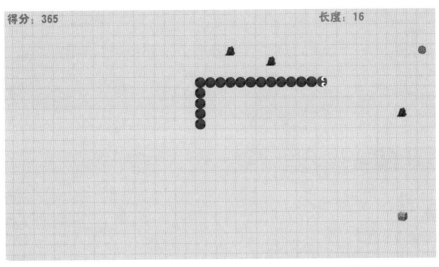

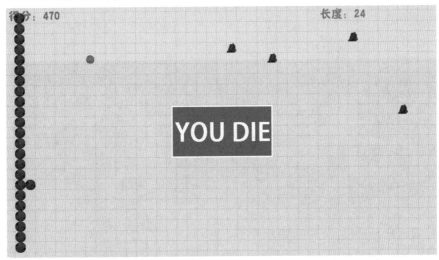

图 5-1 《贪吃蛇》游戏界面效果（续）

2. 游戏流程设计

（1）运行游戏，选择边界模式或穿越模式后，单击 Go 按钮，即可开始游戏。

（2）玩家按方向键或按 W、A、S、D 键控制蛇身体的移动，按空格键加速移动。

（3）边界模式下，不可以触碰到边界、身体以及石头；穿越模式下，蛇的身体可以穿越边界。

（4）当食物出现的时候，有一定的概率可以出现石头或宝箱。

（5）吃到食物的时候，蛇的身体长度会自动增加，同时分数也会相应增加。

（6）当游戏分数达到 500、800、1 100、1 400、1 700 分时，游戏背景会随着分数的变化而改变不同的颜色。

（7）当蛇碰到边界（边界模式）、身体或石头时，会出现死亡界面。

3. 游戏脚本说明

游戏功能所需的脚本见表 5-1。

表 5-1　游戏脚本

脚本名称	功能介绍
HeadMove. cs	控制蛇头移动、蛇头穿越边界、吃食物长身体、分数计算等功能
CreateFood. cs	实现食物、宝箱或石头随机出现
UIController. cs	实现得分、长度显示、背景变色功能
MainmenuController. cs	实现边界判断及场景跳转

任务 3 | 游戏项目制作

项目实现

游戏场景制作

1. 制作游戏界面

（1）新建 Unity 项目，单击 Edit 菜单，选择 Project Settings 命令，在弹出的窗口中选择 Player，右键取消 Default Is Native Resolution 选项的选择，并设置游戏界面大小为 1 280×720，如图 5-2 所示。

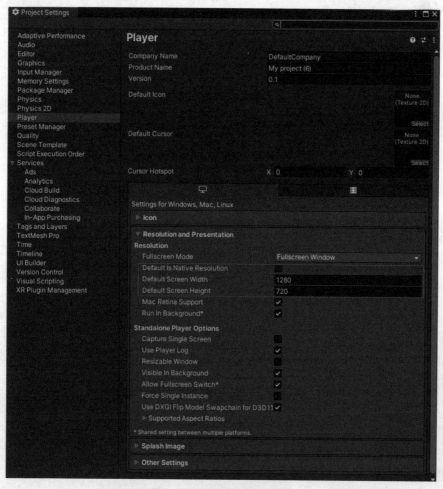

图 5-2　设置游戏界面大小

（2）导入所有给出的素材文件，将场景保存，命名为 mainScene。利用前面学过的 UI 知识布置如图 5-3 所示的开始界面。注意，为了让文字效果更美观，贪吃蛇标题文字添加了 Outline（描边）和 Shadow（阴影）组件，如图 5-4 所示。边界模式和传送模式为一组单选钮，需要为其添加 Toggle Group 组件。

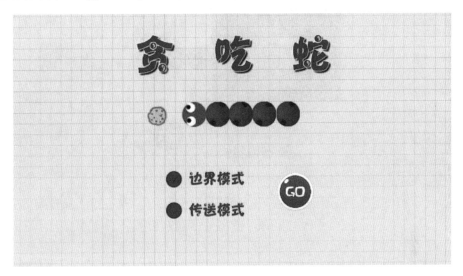

图 5-3　游戏开始界面

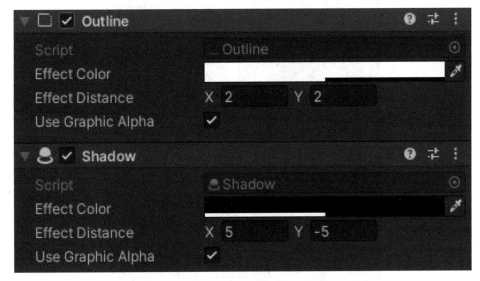

图 5-4　标题文字添加 Outline 和 Shadow 组件

知识链接

　　在制作主界面时，需要将 Game 窗口的显示效果设置为 1 280×720，才能保证制作效果与最终显示效果一致，如图 5-5 所示。

图 5-5　设置 Game 窗口的显示比例

（3）新建场景 SampleScene，新建 Image，名字为 bg，为其添加 bj. jpg 背景图片后，可按住 Alt 键并单击图 5-6 所示位置按钮，让图片快速填充到整个游戏界面。

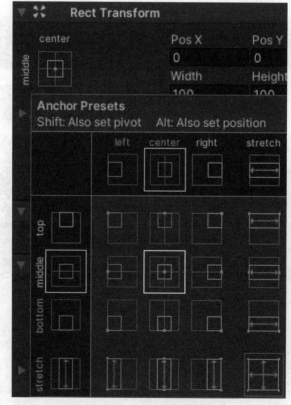

图 5-6　单击位置按钮

（4）选择自动创建的 Canvas，将其 Render Mode（渲染模式）改为 Screen Space-Camera，并将 Main Camera 添加到 Render Camera 处，如图 5-7 所示。

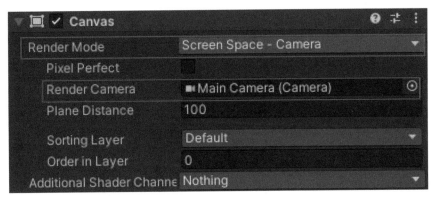

图 5-7　设置画布参数

> **知识链接**
>
> 　　Canvas（画布）的 Render Mode（渲染模式）有三种：
> 　　● Screen Space-Overlay（屏幕空间-覆盖）：该模式下，画布始终位于最前方，覆盖所有的 3D 场景，同时画面会充满整个屏幕，其大小会随着屏幕尺寸或分辨率而改变。
> 　　● Screen Space-Camera（屏幕空间-摄像机）：该模式需要指定一个渲染画布的摄像机，画布始终位于摄像机前方固定距离的平面，画布尺寸也会随着屏幕尺寸的改变而改变。
> 　　● World Space（世界空间）：该模式下的画布与其他在 3D 世界中的游戏物体具有相同性质。

（5）在 bg 下面新建 4 个 Image，分别为 up、down、left、right，代表着游戏四周的边界，调整其 Image 属性，如图 5-8 所示。

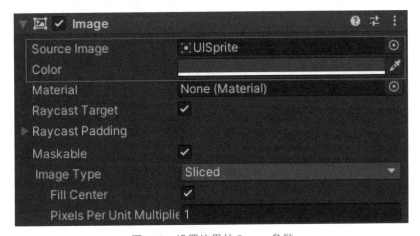

图 5-8　设置边界的 Image 参数

（6）选中 up，设置其 Width 值为 1 280，Height 值为 30，即上边界的大小，同时设置 Pos X 值为 0，Pos Y 值为 10，如图 5-9 所示。因为在游戏的边界模式下，要保证蛇头碰到边界才能死亡，同时调整其位置在上侧。

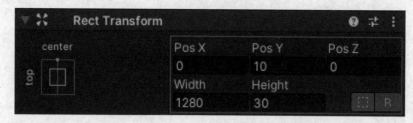

图 5-9　设置上边界参数

（7）同理，设置下边界 down 的 Width 值为 1 280，Height 值为 30，Pos X 值为 0，Pos Y 值为-10，如图 5-10 所示，并调整其位置在下侧。

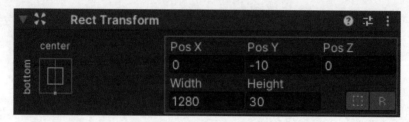

图 5-10　设置下边界参数

（8）设置左边界 left 的 Width 值为 30，Height 值为 720，Pos X 值为-10，Pos Y 值为 0，如图 5-11 所示，并调整其位置在左侧。

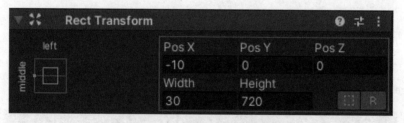

图 5-11　设置左边界参数

（9）设置右边界 right 的 Width 值为 30，Height 值为 720，Pos X 值为 10，Pos Y 值为 0，如图 5-12 所示，并调整其位置在右侧。

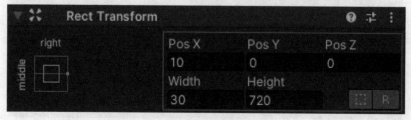

图 5-12　设置右边界参数

（10）为 4 个 Image 添加 Box Collider 2D 碰撞体组件。需要注意调整碰撞体的 Size 参数，up 和 down 为 1 280×10，如图 5-13 所示，left 和 right 为 10×720，如图 5-14 所示。

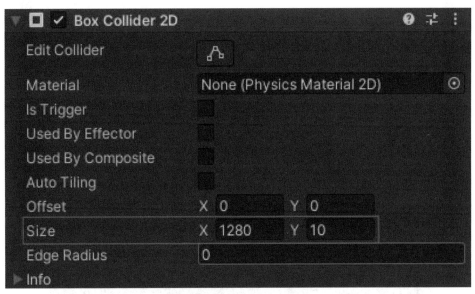

图 5-13 up 和 down 的碰撞体 Size 参数

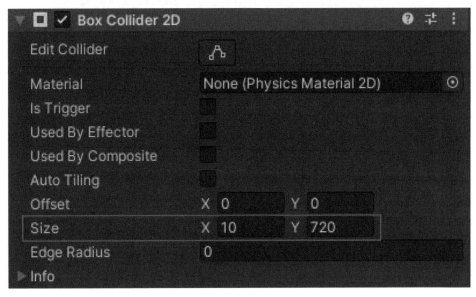

图 5-14 left 和 right 的碰撞体 Size 参数

（11）在界面中新建一个空物体 UI，其中包含 2 个 Text，名称为 score 和 length，用来显示得分和蛇身的长度。还有一个 Image，名称为 die，用来显示死亡的界面，这个死亡的 Image 可以隐藏起来，如图 5-15 所示。

（12）新建一个 Image，名称为 SnakeHead，为其添加蛇头图片，同时为其添加 Rigid-body 2D 组件，将 Gravity Scale 值设置为 0，保证蛇头不会受重力影响下落，如图 5-16 所示。

图 5-15　添加界面中的 UI

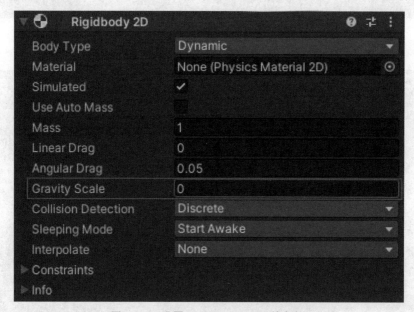

图 5-16　设置 Rigidbody 2D 组件参数

（13）为 SnakeHead 添加 Box Collider 2D 组件，并将其中的 Is Trigger 选中，保证蛇头在移动中能够与食物等发生交互，如图 5-17 所示。

（14）新建 2 个空物体 foodHolder 和 bodyHolder，分别用来储存食物和身体。新建一个空物体 gameScript，用来添加脚本，同时将头、身体、食物、石头和奖励的宝箱都做成预制体，大小为 30×30，并分别为它们设置对应的标签，如宝箱的标签为 box，石头的标签为 stone，食物的标签为 snakeFood，身体的标签为 snakeBody，如图 5-18 所示，游戏界面制作完成。

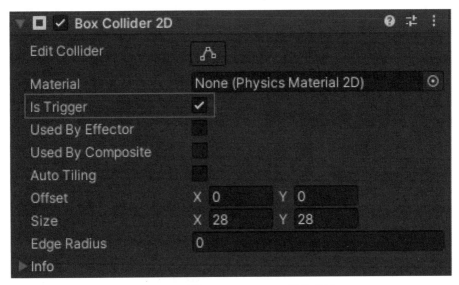

图 5-17　设置 Box Collider 2D 组件参数

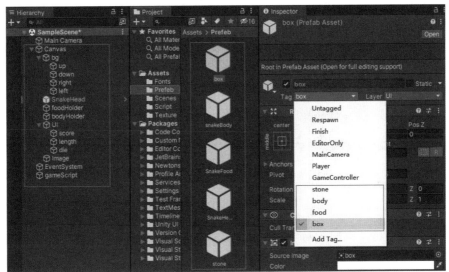

图 5-18　设置预制体及参数

游戏功能制作

2. 实现蛇的移动

（1）新建 C#脚本 HeadMove，代码如下：

```csharp
using System.Collections;
using System.Collections.Generic;
using System.Linq;
using UnityEngine;
using UnityEngine.UI;


public class HeadMove : MonoBehaviour
{
```

```
public float velocity=0.35f;//间隔时间
public int step=30;//移动步长
private int x;
private int y;
private Vector3 headposition;
void Start()
{
    InvokeRepeating("StepMove",0,velocity);//延时方法
    y=step;//初始让蛇向上移动
    x=0;
}
void Update()
{
    KeyControl();
}
private void KeyControl()
{
    if(Input.GetKeyDown(KeyCode.Space))//按下空格,蛇加速移动
    {
        CancelInvoke();//取消延时
        InvokeRepeating("StepMove",0,velocity-0.2f);
    }
    if(Input.GetKeyUp(KeyCode.Space))//松开空格,蛇移动速度还原
    {
        CancelInvoke();
        InvokeRepeating("StepMove",0,velocity);
    }
    if(Input.GetKey(KeyCode.W) && y!=-step)//按W键向上移动
    {
        transform.localRotation=Quaternion.Euler(0,0,0);
        x=0;
        y=step;
    }
    if(Input.GetKey(KeyCode.A) && x!=step)//按A键向左移动
    {
        transform.localRotation=Quaternion.Euler(0,0,90);
        x=-step;
        y=0;
    }
    if(Input.GetKey(KeyCode.S) && y!=step)//按S键向下移动
    {
        transform.localRotation=Quaternion.Euler(0,0,180);
        x=0;
        y=-step;
    }
    if(Input.GetKey(KeyCode.D) && x!=-step)//按D键向右移动
    {
        transform.localRotation=Quaternion.Euler(0,0,-90);
        x=step;
        y=0;
```

```
        }
    }
    private void StepMove()//移动蛇头
    {
        headposition=transform.localPosition;
        transform.localPosition=new Vector3(headposition.x+x,headposition.y+
y,headposition.z);
    }
}
```

（2）选中蛇头 SnakeHead，为其添加 HeadMove 脚本，蛇头正常移动的动画制作完成。

3. 制作蛇头穿越边界

（1）在 HeadMove 脚本中继续添加代码如下：

```
private void OnTriggerEnter2D(Collider2D collision)
{
    switch (collision.gameObject.name)
    {
        case "up"://当蛇头碰到上边界时,则移动到反方向位置前一段距离
            transform.localPosition=new Vector3(transform.localPosition.x,-
transform.localPosition.y+30,transform.localPosition.z);
            break;
        case "down":
            transform.localPosition=new Vector3(transform.localPosition.x,-
transform.localPosition.y-30,transform.localPosition.z);
            break;
        case "left":
            transform.localPosition=new Vector3(-transform.localPosition.x-
30,transform.localPosition.y,transform.localPosition.z);
            break;
        case "right":
            transform.localPosition=new Vector3(-transform.localPosition.x+
30,transform.localPosition.y,transform.localPosition.z);
            break;
    }
}
```

（2）保存脚本，运行游戏，此时蛇头可以实现边界穿越。

4. 制作食物随机出现

（1）新建 C#脚本 CreateFood，代码如下：

```
using System.Collections;
using System.Collections.Generic;
using UnityEngine;
using UnityEngine.UI;
public class CreateFood : MonoBehaviour
{
```

```
    private static CreateFood _instance; //单例模式
    public static CreateFood Instance
    {
        get
        {
            return _instance ;
        }
    }
public int xLimit = 21; //蛇头水平方向上移动的最大步数
public int yLimit = 11; //蛇头垂直方向上移动的最大步数
public GameObject foodprefab; //食物预制体
private Transform foodHolder; //空物体,用来当作储存食物的父物体
public GameObject boxprefab; //奖励宝箱的预制体
public GameObject stoneprefab; //石头的预制体
void Start()
{
    foodHolder = GameObject.Find("foodHolder").transform;
    MakeFood(false,false);
}
private void Awake()
{
    _instance = this;
}
public void MakeFood(bool isBox,bool isStone)
{
    GameObject food = Instantiate(foodprefab); //复制食物
    food.transform.SetParent(foodHolder,false); //设置父物体,遵循 UGUI 缩放
    int x = Random.Range(-xLimit,xLimit); //食物的生成范围
    int y = Random.Range(-yLimit,yLimit);
    food.transform.localPosition = new Vector3(x * 30,y * 30,0); //食物的生成位置
    if(isBox) //判断当生成的物品是奖励的宝箱时应执行的操作
    {
        GameObject box = Instantiate(boxprefab);
        box.transform.SetParent(foodHolder,false); //设置父物体,遵循 UGUI 缩放
        x = Random.Range(-xLimit,xLimit);
        y = Random.Range(-yLimit,yLimit);
        box.transform.localPosition = new Vector3(x * 30,y * 30,0);
    }
    if (isStone) //判断生成的物品是石头时应执行的操作
    {
        GameObject stone = Instantiate(stoneprefab);
        stone.transform.SetParent(foodHolder,false); //设置父物体,遵循 UGUI 缩放
        x = Random.Range(-xLimit,xLimit);
        y = Random.Range(-yLimit,yLimit);
        stone.transform.localPosition = new Vector3(x * 30,y * 30,0);
    }
}
}
```

（2）为空物体 gameScript 添加脚本 CreateFood，并将相应的预制体添加到对应位置，如

图 5-19 所示。

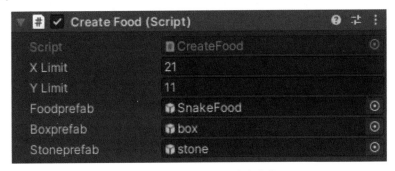

图 5-19　CreateFood 脚本参数

（3）在 HeadMove 中修改并添加下面的代码：

```
private void OnTriggerEnter2D(Collider2D collision)
    {
      if(collision.tag=="food")
      {
        Destroy(collision.gameObject);
        CreateFood.Instance.MakeFood((Random.Range(0,100)<20)? true:false,
(Random.Range(0,100)<20)? true : false);
      }
      else if (collision.tag=="box")
      {
        Destroy(collision.gameObject);
      }
      else if (collision.tag=="stone")
      {
      }
      else if(collision.gameObject.CompareTag("body"))
      {
      }
      else
      {
          switch (collision.gameObject.name)
          {
            case "up":
              transform.localPosition=new Vector3(transform.localPos-
ition.x,-transform.localPosition.y+30,transform.localPosition.z);
              break;
            case "down":
              transform.localPosition=new Vector3(transform.localPos-
ition.x,-transform.localPosition.y-30,transform.localPosition.z);
              break;
            case "left":
              transform.localPosition=new Vector3(-transform.localPos-
ition.x-30,transform.localPosition.y,transform.localPosition.z);
              break;
```

```
                        case "right":
                                transform.localPosition=new Vector3(-transform.localPos-
ition.x+ 30,transform.localPosition.y,transform.localPosition.z);
                                break;
                }
            }
        }
    }
```

（4）运行游戏，此时，蛇头可以吃掉对应的食物并生成新的食物。

5. 制作吃食物长身体动画

（1）在 HeadMove 中添加以下代码：

```
public List<Transform>BodyList=new List<Transform>();//身体位置信息
public GameObject bodyprefab;
private Transform bodyparent;
void Awake()
    {
        bodyparent=GameObject.Find("bodyHolder").transform;
    }
private void StepMove()
    {
        headposition=transform.localPosition;
        transform.localPosition=new Vector3(headposition.x+ x,headposition.y+
y,headposition.z);
        if(BodyList.Count>0)//方法一:让蛇身依次向蛇头方向前移 1 节
        {
            for(int i=BodyList.Count-2; i>=0; i--)
            {
                BodyList[i+ 1].localPosition=BodyList[i].localPosition;
            }
                BodyList[0].localPosition=headposition;
        }
        /*if(BodyList.Count>0)//方法 2:让蛇身的最后一节直接移动到蛇头位置
        {
            BodyList.Last().localPosition=headposition;
            BodyList.Insert(0,BodyList.Last());
            BodyList.RemoveAt(BodyList.Count-1);
        }*/
    }
    void Grow()
    {
        GameObject newbody=Instantiate(bodyprefab,new Vector3(2000,2000,0),
Quaternion.identity);   //复制一个身体,放在游戏场景之外
        newbody.transform.SetParent(bodyparent,false);//不保持世界坐标
        BodyList.Add(newbody.transform);//在链表中将新身体增加进来
    }
 private void OnTriggerEnter2D(Collider2D collision)
    {
        if(collision.tag=="food")//吃掉食物后,身体增长 1 节
        {
```

```
            Destroy(collision.gameObject);
            Grow();
            CreateFood.Instance.MakeFood ((Random.Range (0,100)<20)? true:false,
(Random.Range(0,100)<20) ? true : false);
        }
    else if (collision.tag=="box")//吃掉宝箱后,身体增长1节
    {
        Destroy(collision.gameObject);
        Grow();
    }
    else if (collision.tag=="stone")
    {                    else if(collision.gameObject.CompareTag("body"))
    {                    }
    else
    {
        switch (collision.gameObject.name)
        {
        ······此处代码与前面一致,省略
        }
    }
    }
}
```

（2）将 snakeBody 预制体添加到 HeadMove 脚本属性中的 Bodyprefab 处，如图 5-20 所示。

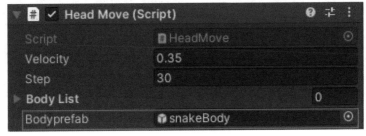

图 5-20　添加 snakeBody 预制体

（3）运行游戏，蛇每吃掉一个食物后，身体会增长 1 节。

6. 制作死亡动画

（1）在 HeadMove 中添加以下代码：

```
private bool isDie=false;//判断蛇是否死亡
public GameObject dieimage;  //死亡后出现的 YOU DIE 界面的 Image
if (Input.GetKeyDown(KeyCode.Space)&& isDie==false)
······此处其余代码省略
//在 KeyControl 中所有的 if 语句后面添加是否死亡的判断条件 && isDie==false
```

（2）在 HeadMove 中添加 Die() 方法，代码如下：

```
void Die()
{
    CancelInvoke();
```

```
    isDie=true;
    dieimage.SetActive(true);  //如果死亡,让死亡界面的 Image 显示
}
```

（3）在 HeadMove 中，找到 OnTriggerEnter2D 方法，修改其中碰到身体和石头死亡的代码如下：

```
else if (collision.tag=="stone")
{
    Die();
}
else if(collision.gameObject.CompareTag("body"))
{
    Die();
}
```

（4）将死亡的 Image 图片 die 添加到 HeadMove 脚本属性中的 Dieimage 处，如图 5-21 所示。

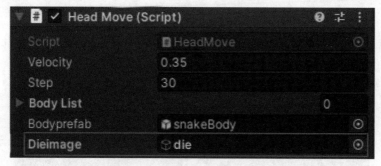

图 5-21　添加死亡时的 Image

（5）运行游戏，当蛇碰到身体或石头时，会出现死亡的提示界面，游戏结束。

7. 制作得分和长度显示

（1）新建 C#脚本 UIController，代码如下：

```
using System.Collections;
using System.Collections.Generic;
using UnityEngine;
using UnityEngine.UI;

public class UIController : MonoBehaviour
{
    private static UIController _instance;  //单例模式
    public static UIController Instance
    {
        get
        {
            return _instance;
```

```
        }
    }
    public int score=0;//总分
    public int length=0;//长度
    public Text scoretxt;//显示总分的文本
    public Text lengthtxt;//显示长度的文本
    private void Awake()
    {
        _instance=this;
    }
    public void UpdateUI(int s=5,int l=1)//让蛇每吃到1个食物加5分,长度加1
    {
        score+=s;
        length+=l;
        scoretxt.text="得分:"+ score;
        lengthtxt.text="长度:"+ length;
    }
}
```

（2）在 HeadMove 脚本中添加对分数和长度的调用，代码如下：

```
private void OnTriggerEnter2D(Collider2D collision)
    {
        if(collision.tag=="food")
        {
            Destroy(collision.gameObject);
            UIController.Instance.UpdateUI();
            Grow();
            CreateFood.Instance.MakeFood((Random.Range(0,100)<20)? true:false,
(Random.Range(0,100)<20) ? true : false);
        }
        else if (collision.tag=="box")
        {
            Destroy(collision.gameObject);
            UIController.Instance.UpdateUI(Random.Range(5,15)*10);/*吃到宝箱,
让分数随机增加50~150分*/
            Grow();
        }
```

（3）选择 gameScript，为其添加 UIController 脚本，并将分数和长度对应的 Text 文本添加到参数对应位置，如图 5-22 所示。

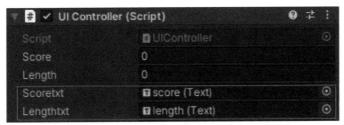

图 5-22　添加分数和长度 Text 文本

（4）运行游戏，当吃到食物后，分数和长度均会增加。

8. 制作背景随分数改变变色

（1）在 UIController 脚本中添加以下代码：

```
public Image bgimage;
private Color tempcolor;
private void Update()
{
    switch (score /100)
    {
        case 0:
        case 1:
        case 2:
            break;
        case 3:
        case 4:
        case 5:
            ColorUtility.TryParseHtmlString("#FFFED0FF",out tempcolor);/* 解析
颜色为 16 进制数值 */
            bgimage.color=tempcolor;
            break;
        case 6:
        case 7:
        case 8:
            ColorUtility.TryParseHtmlString("#FCDEFFFF",out tempcolor);/* 解析
颜色为 16 进制数值 */
            bgimage.color=tempcolor;
            break;
        case 9:
        case 10:
        case 11:
            ColorUtility.TryParseHtmlString("#DFFFD0FF",out tempcolor);/* 解析
颜色为 16 进制数值 */
            bgimage.color=tempcolor;
            break;
        case 12:
        case 13:
        case 14:
            ColorUtility.TryParseHtmlString("#D0FFF7FF",out tempcolor);/* 解析
颜色为 16 进制数值 */
            bgimage.color=tempcolor;
            break;
        case 15:
        case 16:
        case 17:
            ColorUtility.TryParseHtmlString("#C3CCFDFF",out tempcolor);/* 解析
颜色为 16 进制数值 */
            bgimage.color=tempcolor;
            break;
        default:
            ColorUtility.TryParseHtmlString("#FFD1C8FF",out tempcolor);/* 解析
颜色为 16 进制数值 *
            bgimage.color=tempcolor;
            break;
    }
}
```

（2）将 Image 图片 bg 添加到 UIController 脚本属性中的 Bgimage 处，如图 5-23 所示。

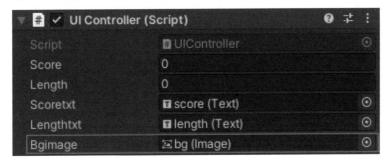

图 5-23 添加 Image 图片 bg

（3）运行游戏，当分数达到 500、800、1 100、1 400、1 700 分时，游戏背景会改变不同的颜色。

9. 边界判断及场景跳转

（1）新建 C# 脚本 MainmenuController，代码如下：

```csharp
using System.Collections;
using System.Collections.Generic;
using UnityEngine;
using UnityEngine.SceneManagement;
using UnityEngine.UI;
public class MainmenuController : MonoBehaviour
{
    public Toggle border;//有边界
    public Toggle transmit;//无边界
    void Start()
    {
        if(PlayerPrefs.GetInt("border",1)==1)
        {
            border.isOn=true;//设置边界标志位
            PlayerPrefs.SetInt("border",1);
        }
        else
        {
            transmit.isOn=true;//设置传送标志位
            PlayerPrefs.SetInt("border",0);
        }
    }
    public void BorderSeclected(bool isOn)
    {
        if (isOn)
        {
            PlayerPrefs.SetInt("border",1);//边界模式被选中时,让边界显示出来
        }
    }
    public void TransmitSeclected(bool isOn)
    {
        if (isOn)
```

```
        {
            PlayerPrefs.SetInt("border",0);//传送模式被选中时,让边界不显示
        }
    }
    public void startGame()
    {
        SceneManager.LoadScene("SampleScene");//开始按钮按下时,加载游戏场景
    }
}
```

（2）在 UIController 中，设置默认为边界模式，如果选择传送模式，则将边界禁用，代码修改如下：

```
public bool hasBorder=true;//默认有边界
void Start()
    {
        if(PlayerPrefs.GetInt("border",1)= =0)//0 代表没有边界
        {
            hasBorder=false;
            foreach (Transform t in bgimage.gameObject.transform)/* 遍历 bgimage
下的所有子物体 */
            {
                t.gameObject.GetComponent<Image>().enabled=false;//禁用其 Image
            }
        }
    }
```

（3）在 HeadMove 中，找到 OnTriggerEnter2D 方法，加入有边界模式的判断，修改代码如下：

```
else
    {
        if (UIController.Instance.hasBorder)//如果有边界,碰到边界死亡
        {
            Die();
        }
        else
            switch (collision.gameObject.name)
            {
                ……此处代码与前面一致,省略
            }
    }
```

（4）进入 mainScene 场景，新建空物体，为其添加 MainmenuController 脚本，并将边界和传送模式两个 Toggle 添加到对应位置处，如图 5-24 所示。

图 5-24　MainmenuController 脚本参数

（5）选中开始游戏的按钮，为其添加 startGame（）单击事件，如图 5-25 所示。

图 5-25　添加开始游戏按钮的单击事件

（6）选中 Border（边界模式 Toggle），为其添加 BorderSelected（）事件，如图 5-26 所示。

图 5-26　添加边界模式的选择事件

（7）选中 Transmit（传送模式 Toggle），为其添加 TransmitSelected（）事件，如图 5-27 所示。

图 5-27　添加传送模式的选择事件

（8）单击 File 菜单下的 Build Settings 命令，将两个场景添加到发布窗口中，如图 5-28 所示。单击 Build 按钮，发布并测试游戏的各项功能，《贪吃蛇》游戏制作完成。

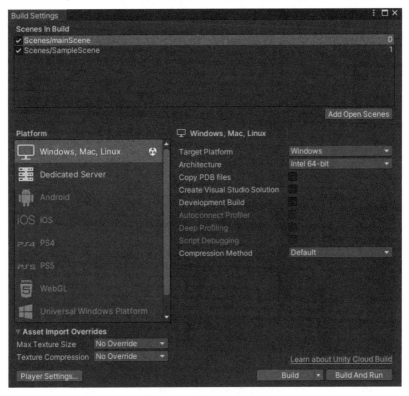

图 5-28　发布游戏窗口

项目总结与评价

本项目以《贪吃蛇》游戏的制作为例，详细讲解了利用 Unity 制作 2D 游戏的方法，项目中包含的脚本较多，在制作过程中，每编写一段脚本都要测试一下游戏，以确保每个功能都能实现。希望通过本项目的学习，能够掌握 2D 游戏的制作流程，并进行自己的游戏项目创作，同时也希望读者能够体会游戏设计中包含的更深层次的意义，如游戏中设置不断变化的环境想要告诉大家适应环境的重要性，我们要在游戏过程中学会控制自己的行为，及时做出最正确的决策和判断，朝着更高的目标不断努力。

贪吃蛇评价表

评价内容	评价分值	评价标准	得分	扣分原因
界面布置	30	1. 游戏界面是否正常显示 2. 界面设计是否美观 3. 边界是否添加了碰撞体组件 4. 碰撞体与边界位置是否合理 5. 所用到的食物等素材是否制作了预制体		
功能实现	60	1. 蛇的移动及转向是否正确 2. 是否能够随机出现食物 3. 吃到食物是否会长身体和得分 4. 碰到石头或身体是否死亡 5. 背景是否会随着分数而变色 6. 是否存在边界模式和传送模式两种游戏模式		
动画发布	10	1. 按钮单击事件添加是否正确 2. 场景跳转是否正常 3. 模式选择是否为单选 4. 动画发布是否正确		

课后习题答案

模块一 熟悉游戏物体和组件

一、单选题
1. A 2. C 3. B 4. D 5. B 6. A 7. A 8. C 9. C 10. C 11. D 12. A 13. A 14. D

二、多选题
1. AC 2. AD 3. BCD 4. AB 5. ABC 6. AC 7. ABC 8. ABC

三、判断题
1. √ 2. √ 3. × 4. × 5. √ 6. √ 7. √ 8. √ 9. × 10. √

四、简答题
1.（1）Prefab 在实例化的时候用到，主要用于经常会用到的物体，其一个重要的优势就是编辑 Prefab 资源后，场景中所有使用 Prefab 克隆的游戏对象将全部使用新编辑的资源，无须一个一个地给场景中的对象赋值，方便修改属性。

（2）当游戏中需要频繁创建一个物体时，使用 Prefab 能够节省内存。

2. 在主线程运行的同时开启另一段逻辑处理，来协助当前程序的执行。协程很像多线程，但是不是多线程，Unity 的协程是在每帧结束之后去检测 yield 的条件是否满足。

3. JavaScript、C#。Unity 里的脚本都会经过编译，它们的运行速度也很快。这两种语言实际上的功能和运行速度是一样的，区别主要体现在语言特性上。

模块二 使用物理引擎

一、单选题
1. B 2. A 3. B 4. D 5. C 6. C 7. B

二、多选题
1. AD 2. BD 3. ABCD

三、判断题
1. √ 2. × 3. √ 4. √

四、简答题
1. 碰撞器会有碰撞的效果，isTrigger = false，可以调用 OnCollisionEnter/Stay/Exit 函数。触发器没有碰撞效果，isTrigger = true，可以调用 OnTriggerEnter/stay/exit 函数。

2. 两个物体都必须带有碰撞器（Collider），其中一个物体还必须带有 Rigidbody（刚体），而且必须是运动的物体带有 Rigidbody 脚本才能检测到碰撞。

3. CharacterController 是角色控制器组件，自带胶囊碰撞器，只能受到重力这一个外力的影响。

Rigidbody 是刚体组件，除了可以受到重力的效果外，还可以受到其他外力的效果，具有完全真实的物理特性。

4. 三个阶段，1. OnCollisionEnter 2. OnCollisionStay 3. OnCollisionExit。

5. rigidbody. AddForce/AddForceAtPosition，都在 rigidbody 系列函数中。

6. Hinge Joint，它可以模拟两个物体间用一根链条连接在一起的情况，能保持两个物体在一个固定距离内部相互移动而不产生作用力，但是达到固定距离后就会产生拉力。

7. Acceleration：无视物体刚体质量给其持续施加加速度。

Force：向刚体施加连续的力，考虑其质量，即同样的力施加在越重的物体上产生的加速度越小。

Impulse：向刚体施加瞬时的力，考虑其质量，即同样的力施加在越重的物体上产生的加速度越小。

VelocityChange：无视刚体质量，在物体原有速度的基础上给物体施加一个瞬间加速度。

8. 射线是 3D 世界中一个点向一个方向发射的一条无终点的线，在发射轨迹中与其他物体发生碰撞时，它将停止发射。

9. Physic Material 物理材质：物理材质描述如何处理物体碰撞（摩擦，弹性）。

Material 材质（材质类）：为了获得一个对象使用的材质，可以使用 Renderer. materia 属性。

模块三　制作游戏界面与动画特效

一、单选题

1. C　2. B　3. D　4. C　5. B　6. D　7. C　8. A　9. D　10. C　11. A　12. A　13. B

二、多选题

1. ABCD　2. BCD　3. AC　4. BCD　5. ABC　6. ABD

三、判断题

1. ×　2. √　3. ×　4. √　5. ×　6. √　7. ×　8. √

四、简答题

1. 第一种，通过菜单创建粒子系统对象，即 GameObject→Effects→Particle System。

第二种，将粒子系统以组件的形式挂载到场景中的物体上，即 Component→Effects→Particle System。

2. 四种。平行光：Directional Light；点光源：Point Light；聚光灯：Spot Light；区域光源：Area Light。

3. 一般是组件上绑定的物体对象被删除了。

4. GameObject 是游戏中实际使用的对象，是一个具体的实例。Assets 是包括诸多游戏素材的资源。GameObject 是 Assets 中的一部分，Assets 中不仅包括 GameObject，还有一些 C#文件以及音频文件等。

5. Sprite 作为 UI 精灵使用，Texture 作为模型贴图使用。